江苏省高等学校重点教材

现代农机装备再制造技术

○ 主编　丁建宁　王宏宇
○ 主审　陈学庚

U0351325

中国教育出版传媒集团

高等教育出版社·北京

内容简介

本书聚焦"农机装备再制造技术"这一代表着现代农机可持续发展的重要方向,系统介绍农机装备再制造性评价技术、农机装备再制造前处理技术、农机装备再制造加工技术、农机装备再制造寿命评估技术等,并对农机装备再制造技术发展进行展望,以期以"再制造"这一制造技术绿色发展理念促进现代农机可持续发展。全书共分为六章,编写过程中遵循工程逻辑,注重技术因素和非技术因素有机融合,融入经济、环境、社会、文化等非技术因素,运用案例示范、场景创设等手段,致力于培养解决农机装备再制造技术领域复杂工程问题的能力。

本书为2021年江苏省高等学校重点教材(编号:2021-2-086)。本书可作为高等学校相关专业教学用书,亦可作为农机装备设计、制造和维修等领域工程技术人员的参考用书。

图书在版编目(CIP)数据

现代农机装备再制造技术／丁建宁,王宏宇主编
. --北京:高等教育出版社,2023.5
 ISBN 978-7-04-059154-5

Ⅰ.①现… Ⅱ.①丁…②王… Ⅲ.①农业机械-机械制造工艺-高等学校-教材 Ⅳ.①S220.6

中国版本图书馆 CIP 数据核字(2022)第 142486 号

Xiandai Nongji Zhuangbei Zaizhizao Jishu

| 策划编辑 | 李文婷 | 责任编辑 | 李文婷 | 封面设计 | 张申申 | 版式设计 | 李彩丽 |
| 责任绘图 | 于 博 | 责任校对 | 马鑫蕊 | 责任印制 | 耿 轩 | | |

出版发行	高等教育出版社	网 址	http://www.hep.edu.cn
社 址	北京市西城区德外大街4号		http://www.hep.com.cn
邮政编码	100120	网上订购	http://www.hepmall.com.cn
印 刷	山东临沂新华印刷物流集团有限责任公司		http://www.hepmall.com
开 本	787mm×1092mm 1/16		http://www.hepmall.cn
印 张	8.25	版 次	2023年5月第1版
字 数	200千字	印 次	2023年5月第1次印刷
购书热线	010-58581118	定 价	17.70元
咨询电话	400-810-0598		

现代农机装备再制造技术

主编　丁建宁　王宏宇
主审　陈学庚

1 计算机访问 http://abook.hep.com.cn/1263331，或手机扫描二维码，下载并安装 Abook 应用。

2 注册并登录，进入"我的课程"。

3 输入封底数字课程账号（20位密码，刮开涂层可见），或通过 Abook 应用扫描封底数字课程账号二维码，完成课程绑定。

4 单击"进入课程"按钮，开始本数字课程的学习。

现代农机装备再制造技术

主编　丁建宁　王宏宇
主审　陈学庚

现代农机装备再制造技术数字课程与纸质教材一体化设计，紧密配合。数字课程资源包括全部教学课件等，极大地丰富了知识的呈现形式，拓展了教材内容。在提升课程教学效果的同时，为学生学习提供思维与探索的空间。

　　课程绑定后一年为数字课程使用有效期。受硬件限制，部分内容无法在手机端显示，请按提示通过计算机访问学习。

　　如有使用问题，请发邮件至 abook@hep.com.cn。

扫描二维码
下载 Abook 应用

前　言

农机装备技术的发展始终处于国家重大战略层面,被列入"中国制造2025"计划。60多年前毛泽东主席就曾提出"农业的根本出路在于机械化"的著名论断;近期,习近平总书记又发表了"大力推进农业机械化、智能化"的重要论述。进入21世纪以来,党中央、国务院已连续19年围绕"三农问题"发布中央一号文件。然而,现有关于农机装备技术的教学用书多数出版时间较早,新近出版极为有限的农机装备技术教学用书又多侧重于设计,鲜有专门围绕制造的农机装备技术教学用书。

江苏大学机械设计制造及其自动化专业,作为江苏大学(前身镇江农业机械学院)建校初三个专业中的"机械制造工艺与设备"和"农业机械设计与制造"两个专业合并组建的首批国家级一流本科专业建设点,秉承江苏大学"工中有农、以工支农"的办学特色,践行"新工科"与"新农科"有机融合发展的思路,在新版培养计划修订中进一步明确将"智能农机装备制造"作为专业特色方向之一。我们依托江苏省农机装备再制造重点实验室,组建了经验丰富、实力雄厚的编写团队,致力于推动长期以来形成的农机装备"维修"传统定位的转变,聚焦代表着现代农机可持续发展重要方向的"农机装备再制造技术",提出并构建"现代农机装备再制造技术"内容体系,旨在以"再制造"这一制造技术绿色发展理念为现代农机装备的高效高质可持续发展提供智力支持。

全书共分为六章,系统介绍农机装备再制造评价技术、农机装备再制造前处理技术、农机装备再制造加工技术、农机装备再制造寿命评估技术等,并对农机装备再制造技术发展进行了展望。本书具有如下四个方面的特点:(1)提出并构建"现代农机装备再制造技术"内容体系,明确其中的知识点和能力要求,填补了这一领域教学用书的空白;(2)基于工程逻辑贯彻OBE理念(产出导向),着力培养解决现代农机装备再制造技术领域复杂工程问题的能力;(3)落实"新工科""新农科"交叉融合要求,注重技术因素和非技术因素融合,遵循案例示范、场景创设等面向工程的教学思想;(4)融入相关的历史典籍、古代耕作工具、农机工业发展历程等,建立农机装备再制造技术课程思政内容体系,厚植知农爱农、精益求精及科技报国的家国情怀和工匠精神。

本书由丁建宁和王宏宇联合主编,陈学庚院士担任主审。其中,丁建宁负责编写第一章,王宏宇负责编写第二、三、四章,许桢英负责编写第五章,程广贵负责编写第六章,晁栓负责编写本书中工程案例,硕士研究生黄金雷、朱建和毛计洲参与了本书资料收集、文字整理、图表绘制等工作。在编写过程中,江苏沃得农业机械股份有限公司、徐工集团工程机械有限公司等企业的专家对本书编写提出了诸多宝贵意见和建议,江苏大学机械工程学院和教务处以及江苏省农机装备再制造重点实验室给予了大力支持,特致以衷心的感谢。此外,本书还参考了大量同行的著作和网络资源,在此谨向他们致以诚挚的谢意。

由于作者水平有限,且书中所涉及内容的技术发展迅速,不足之处在所难免,敬请专家和读者雅正。

编　者

2021年10月　镇江

目　　录

第1章 绪 论

1.1 农业机械化与中国农机工业

机械是机构与机器的总称,农业机械(简称农机)则是应用在农业生产过程中的各种机械。农业机械可以追溯至原始社会所使用的简单农具。在中国,新石器时代的仰韶文化时期(约公元前 5000 年—公元前 3000 年)出现了原始的耕地工具耒(lěi)耜(sì),如图 1-1a 所示;公元前 13世纪有了铜犁头;春秋战国(公元前 770 年—公元前 221 年)时已拥有耕地、播种、收割、加工和灌溉等一系列铁制及木制农具,如曲辕犁(图 1-1b)等;公元前 90 年前后,赵过发明了三脚耧(三行条播机),其基本结构至今仍在使用;在公元 9 世纪已出现结构完备的畜力铧式犁,之后相继出现了农业生产中使用的各种机械和工具。在西方,原始的木犁起源于美索不达米亚和埃及,约公元前 1000 年开始使用铁犁铧;1831 年,美国的塞勒斯·麦考密克创制了马拉收割机;1836 年,出现了马拉谷物联合收割机;1850 年至 1855 年间,先后制造并推广使用谷物播种机、割草机和玉米播种机等;随后,各种现代农业机械相继问世。中国农业机械在长达八九千年的发展过程中,曾经有过许多领先于世界的发明创造,但也经历过漫长的停滞时期。

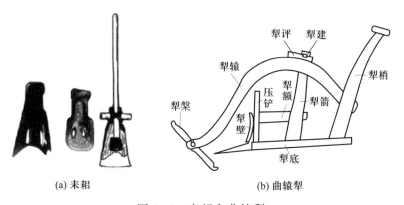

(a) 耒耜   (b) 曲辕犁

图 1-1 耒耜和曲辕犁

从 20 世纪 20 年代起,中国农机工业从引进、仿制耕种机具开始,走过了 100 年的风雨历程。1949 年前,虽然也制造了一些农机具,但多为机械类工厂兼做,无专门的农机制造企业,农机制造能力非常薄弱。可以说,直到 1949 年新中国成立之前,中国还没有自己的农机工业。中国农机工业作为中国机械工业体系中的重要组成部分,几乎与中国现代工业化同时起步。如果将 1949 年作为中国现代农机工业肇启元年的话,中国农机工业从零基础起步,历经新中国成立初期现代农机工业体系构建阶段、体制转换阶段、市场导向阶段、依法促进高速发展阶段和新常态发展阶段。60 多年前毛泽东主席就曾提出"农业的根本出路在于机械化"的著名论断;习近平总书记又发表了"大力推进农业机械化、智能化"的重要论述。进入 21 世纪以来,党中央、国务院已连续 19 年围绕"三农问题"发布中央一号文件。在党和国家的高度重视以及各项政策的支持下,经过几代农机人的艰苦奋斗,中国农机工业从无到有,由小到大,从弱到强,不断发展壮大。

1.1.1　农业机械化在现代农业中的重要性

农业机械化是农业生产力中最重要、最具活力的要素,其历来是衡量农业发展水平、反映农业现代化进程的重要标志之一。目前,我国农业机械化已经从初级阶段跨入中级阶段,农业机械化发展呈现良好态势。农业机械化,作为农业生物高新技术研究成果得以有效实施和推广的关键载体,其对于提高粮食综合生产能力、保障国家粮食安全、促进农业产业结构调整、加快农业劳动力转移、发展农业规模经营和农村经济、增加农民收入、加快现代农业建设进程、提高农产品市场竞争力等都具有重要作用,

(1) 农业机械化是现代农业的重要物质基础

纵观发达国家建设现代农业和实现农业现代化的历程,虽然各国在建设现代农业的道路和技术路线的选择上有所不同,但都无一例外地先实现农业机械化,进而实现农业现代化。在传统农业向现代农业发展的历史过程中,农业机械化水平的高低决定着农业现代化的进程和农业竞争力的强弱。农业发展过程实践告诉人们,任何先进的农艺措施在最终获得与其配套的机械技术实施之前,都不会形成巨大的生产力,也不会在大规模应用中显示其生产高效的特性。所有农业技术带来的高产、高效无不与机械化有关,农业机械是农业生产的重要工具,是提高农业生产力的重要因素。发展农业机械化,实质上是一场生产工具的技术革命。农业机械装备突破了人力、畜力所能承担的农业生产规模的限制,机械作业实施了人工所不能达到的现代科学农艺要求,改善了农业生产条件,提高了农业生产力水平,为农产品品质提高、专业化和商品化生产提供了可能。

(2) 农业机械化是现代农业的重要标志

生产发展需要农业机械化提供硬件支撑。农业机械是实施和推广先进农业科技的载体和现代农业的物质基础。农业机械的广泛应用,将有助于改变农业的自然属性和弱质特征,提高农业资源的开发利用水平和农业综合生产力。衡量农业现代化水平的主要指标是农业劳动生产率,而农业机械化是提高农业劳动生产率的主要手段。纵观世界各国经验,农业机械化是农业现代化的先导环节,而且国际上通常把农业机械化水平和效益作为农业现代化水平的主要标志。

(3) 农业机械化是农业实现可持续发展的有力保证

推进农业现代化,还要求合理配置和综合利用农业资源,不断改善和增强农业生产基础设施和基本条件,这就需要农业机械化的支持。在大规模农田水利基本建设中,机械化施工可加快工程进度,保证工程质量,降低工程投资。通过大型机械进行土壤改良、坡改梯、深耕深松及水利工程建设,可改善农业生产条件,减少水土流失;通过实施农作物秸秆机械化还田、秸秆气化以及化肥机械化深施技术等,可减少秸秆焚烧和化肥流失对水、土壤和空气的污染,增加土壤有机质;通过旱作农业综合开发、节水灌溉等机械化技术,可实现水资源的合理利用,充分发挥水资源效益;通过机械化灌溉,可减少干旱给农民带来的损失,确保稳产增收。所有这些,都是农业生态建设和可持续发展的有力保证。

（4）农业机械化是促进农业增效和农民增收的重要手段

现代农业建设的进程也就是农业机械化的过程,是农业生产要素中农业机械增多、农业劳动力减少的过程,也是农民收入提高、工农差距和城乡差距缩小、农工贸协调发展的过程。农业和农村经济结构调整是增加农民收入、推进农业现代化发展的有效措施,而结构调整需要农业机械化的支撑才能完成。一方面,结构调整中的传统产业必须由农业机械来改造才能大幅度地增加农产品附加值,提高农业效益,使农产品加工、贮运、包装等大批农机化新技术得到广泛应用。另一方面,结构调整要求大量运用先进的农业科学技术,这就需要农业机械发挥载体作用,使各类农业技术及时转化为现实生产力和经济效益。因此,农业机械化与农民收入和生活水平提高有着密切关系。

（5）农业机械化过程是现代农业建设的重要内容

从推进农业机械化的内容和实现农业现代化的形式看,尽管各国选择了不同的发展方式和途径,但共同点都要解决农业机械化问题。可以说,农业机械化是农业现代化的重要内容。由于农业机械化是对传统农业改造的技术进步过程,农业机械化投入是农业生产方式除旧布新或推陈出新的过程。根据现代经济增长理论,农业机械化投资会引致知识的积累,农业机械投入与知识积累形成一种有形投入与内生增长相结合的复合资本品,其又将加快技术进步的进程,技术进步又可以提高农业机械化投资的效益,使农业经济系统出现增长的良性循环,从而推进现代农业建设和农业现代化进程,促进长期经济增长,提高竞争力。

1.1.2　中国农机工业的发展历程

如前所述,中国农机工业作为中国机械工业体系中的重要组成部分,几乎与中国现代工业化同时起步,历经新中国成立初期现代农机工业体系构建阶段、体制转换阶段、市场导向阶段、依法促进高速发展阶段和新常态发展阶段。

（1）现代农机工业体系构建阶段

新中国成立时,中国农机工业几乎是一片空白。由于缺乏专业人才、专业技术、生产设施和机械装备等基础条件,只能生产一些结构简单的旧式畜力农机具。当时,国家一方面抓旧式农机具改造和新式农具研发,一方面积极为建立中国现代农机工业体系创造条件,包括筹建生产企业、农机院校、科研和质检机构,规划构建产品结构体系等。至 20 世纪 70 年代末,基本建成了包括农机教学、科研、制造、销售及标准检测等在内的初具规模、较为健全的现代农机工业体系,形成了从零部件到整机制造的较为完善的产业链。

1959 年,作为全国第一个五年计划 156 个重点建设项目之一,中国首个现代化拖拉机企业——第一拖拉机制造厂(简称一拖)建成投产,结束了中国不能批量生产拖拉机的历史,将中国农机工业推向了一个新的发展阶段。图 1-2 展示的是中国首台自主生产的履带式拖拉机"东方红"问世时的历史场景。1959 年,毛泽东主席关于"农业的根本出路在于机械化"的论断发表后,在全国掀起了一股农业机械化的热潮,农机工业出现快速发展势头。至 1960 年底,农机制造企业增至 2 624 个,固定资产原值由 1957 年的 2.8 亿元上升到 21 亿元,农机工业产值占全国机械工业产值的比例由 3.8% 上升为 11.8%。1960 年,农业机械部制定农机工业发展规划,目标是在 3 至 5 年内基本建成中国比较完整的具有现代化技术的农机工业体系。1960 年后,中国国民经济进入调整期。农机工业在发展战略上也做了相应的调整,将原定的"以拖拉机为纲"调整为

"三个第一"(即小农具和半机械化农机第一、配套和维修第一、质量第一)的方针;将农机工业建设由追求高速度转为讲求实际效益。调整期间,中国的拖拉机、内燃机、机引农具等几个重点行业得到快速发展,生产能力有了较大幅度提升,基本形成了与当时农业发展水平和农村购买力相适应的产品体系,为农业生产的恢复和发展提供了有力保障。

图 1-2　中国首台自主生产的履带式拖拉机"东方红"在一拖问世

1952 年,中国第一所农机高等院校——北京农业机械化学院成立,3 年后长春汽车拖拉机学院成立。从 20 世纪 50 年代到 60 年代陆续建成了设有农机设计和制造学科的镇江农业机械学院、安徽工学院、洛阳农业机械学院等 5 所高等院校(图 1-3),各省和部分农机发展重点地区都建有农业机械化院校,形成了较为完善的农机教育体系。到 1982 年全国农机高等院校和设有农机专业的高校共有 60 余所,在校学生 27 000 多人,每年毕业生近 7 000 多人,这些院校为中国农机教学、科研、生产和农机管理领域输送了发展急需的各类高级专业技术和管理人才,为中国农机工业建设和发展提供了人才保障。与此同时,为解决农机工业初创阶段对相关技术的急切需求,以及适应和满足农机工业发展的需要,自 1955 年起先后建立了按产品分类的部属研究院所,如拖拉机、内燃机以及农机研究所等。

图 1-3　20 世纪 50 至 60 年代设立的部分农业机械化高校

这一时期农机工业发展的基本特征是模仿苏联模式施行高度的计划体制。由于对市场需求和工业基础认识偏差,采取了一些不合时宜的发展方式,违背了农机工业发展的基本规律,1980 年基本实现农业机械化等不切实际的目标没有也不可能实现。

（2）体制转换阶段

1980年至1995年，是中国农机工业体制的转换阶段。随着改革开放的不断深入，市场机制在农业机械生产和推广应用中的作用逐渐增强，国家对农机工业的计划管理逐步放开，社会和民间资本开始进入农机工业领域，允许农民自主购买和使用农业机械，农机装备多种经营形式并存的格局初显，农机产品结构也相应地发生变化。20世纪80年代初，中国农村实行家庭联产承包责任制，经营规模由大变小，大农机与小规模经营的矛盾日益凸显，原有产品已经不适应市场需求，农机工业产值连续2年下滑。为适应农村经营体制的变化，满足市场实际需要，农机企业迅速调整产品结构。一是由以大中型农机为主调整为以中小型农机为主；二是由以种植业机械为主调整为产品覆盖农业全产业链，各种中小型拖拉机、中小型联合收割机、中小型农副产品加工机械、饲料机械、畜牧机械和水产饲养设备等产销量快速增长，出现产销两旺局面。具有中国特色的挂有旋耕机的小四轮拖拉机（图1-4）、农用运输车应运而生，并得到了快速发展。农机生产企业数量不断增加，产业规模有了较大增长，产品门类和品种不断扩大，结构逐步趋于合理。

图1-4　挂有旋耕机的小四轮拖拉机

（3）市场导向阶段

从20世纪90年代中期开始，中国工业化和城镇化进程加快，随着农村劳动力向非农产业和城市转移，农村劳动力出现了季节性和结构性短缺，对加快农业机械化进程的呼声日益高涨，在市场需求的强劲拉动下，中国农机工业出现了新一轮发展高潮。农机装备技术进步显著，各种新机型不断投放市场，特别是谷物联合收割机，以新疆-2型自走式谷物联合收割机为代表的新一代机型研发成功，产品投产后迅速打开市场，掀起了中国自走式谷物联合收割机（图1-5）发展的高潮，促进了小麦机收水平大幅上升。

图1-5　自走式谷物联合收割机

新疆-2型自走式谷物联合收割机的研制成功，不但打造了中国民族工业的自主品牌，还为中国大喂入量谷物收割机械的研发奠定了技术基础，在中国谷物联合收割机的发展中发挥了引领作用；同时，推进了具有中国特色的小麦收获跨区作业模式的形成和蓬勃发展。20世纪90年代后期，具有中国特色的自走式玉米收割机、自走式全喂入稻麦联合收割机、机动水稻插秧机等产品的研发取得重大进展，产品技术逐渐成熟，具备了量产和投放市场的能力。1994年，党的十四大提出建立中国特色社会主义市场经济体制,企业改制重组取得较快进展,民营企业数量逐年增加,其资产和销售收入占比逐年提高。国际著名的跨国公司纷纷在中国独资或合资建厂,初步形成了国有或国有控股企业、民营企业、外资企业组成的多元化产业结构。国际著名农机企业落地中国实行本土化生产,对促进中国农机装备的技术进步、产品综合水平的提高和农机工业实力的增强产生了积极影响。

（4）依法促进高速发展阶段

2004 年,国家颁布实施了《中华人民共和国农业机械化促进法》,并出台了农机购置补贴政策,自此中国农业机械化发展进入了依法促进高速发展的新时期。2010 年国务院颁布了《国务院关于促进农业机械化和农机工业又好又快发展的意见》,到 2017 年中央财政已累计投入 2 000 多亿元,用于支持农民购置先进的农业机械,大大促进了社会农机购置投入,带动了农机工业发展。2005 年至 2014 年十年间,国家政策支持力度、农机工业产业规模、企业自主创新能力、科研开发及产品质量水平、合资合作以及进出口贸易量均达到历史新水平,中国农机工业迎来了历史上最好的发展时期,被誉为中国农机工业的"黄金十年"。

① 农机产业快速发展,产品基本满足国内市场需求。

农机工业各项指标均实现了持续快速增长,中国一举成为全球第一农机制造大国。农机工业保持快速增长,产品种类逐步完善,对农业机械化的支撑保障能力进一步增强。2014 年,规模以上企业达到 2 200 余家,规模以上企业主营业务收入 3 952.3 亿元,是 2004 年的 4.4 倍左右,10 年翻了两番以上,保持了年均两位数的增长。2014 年全农机工业利润达到 228.1 亿元,年均增长速度 25.8%。十年间,中国农机工业逐步形成专业化分工、社会化协作、相互促进、协调发展的产业体系,产业结构和产品结构得到了进一步优化。企业通过技术引进和自主开发,大型动力换挡拖拉机、大型自走式喷杆喷雾机（图 1-6）、大型免耕播种机等一批科技含量高的农机产品研制成功并投入使用,中国农机产品与国外先进水平之间的差距进一步缩短,形成了大中小型、高中低技术档次兼顾的产品结构,满足国内市场 90% 的需求。

图 1-6　自走式喷杆喷雾机

② 产学研相结合的研发体系初步形成,有效支撑产业发展。

十年间,中国农机行业构建起以生产企业为主体、科研机构和高等院校参加的产学研相结合的研发体系。目前,中国农机企业中大中型企业多数建立了技术开发中心,为企业产品研发和持续改进提高提供了技术保障。科研机构、高等院校充分发挥在共性和基础研究方面的优势,大批优秀的科研成果为行业新产品的研发提供了有效的技术支持,推动了行业的技术进步。

③ 制造能力和制造工艺水平提升,产品质量水平显著提高。

十年间,中国农机企业的加工装备和制造工艺水平明显提高,生产效率和质量不断提高,农机骨干企业的工艺装备水平快速提升,与国内其他行业的差距大大缩短;工业机器人、激光焊接、数控加工、电泳涂装等先进技术已经应用于关键零件制造;加工制造工艺向柔性"专机+加工中心"模式发展,零件加工和装配工艺技术水平大幅度提高,产品质量明显提升,部分产品的制造质量已接近或达到国际同类产品同期水平。

④ "引进来、走出去"战略初见成效,国际化程度提高。

国际农机制造巨头品牌企业纷纷进入中国市场,有效带动了中国农机工业水平提升,中国优秀骨干农机企业采用收购、引进等方式在国际市场上获得了新技术和优秀的技术人才,加快了企业国际化进程,促进了中国农机工业的技术进步,提高了民族品牌国际市场竞争力。2009 年,中国一拖集团有限公司相继在 7 个非洲国家建立了装配厂或服务中心;2011 年,收购了意大利 ARGO 集团旗下的法国 McCormick 工厂。潍柴雷沃重工股份有限公司将"阿波斯""马特马克""高登尼"三大高端农机品牌收购,计划打造成中国农机装备制造首个世界级品牌。中联重科股份有限公司进入农机领域之后在美国设立了农机研发中心,随后又在意大利设立了欧洲研发中心。中国农机企业国际市场竞争力的提升,促进了产品进出口贸易额的稳步增长,自 2004 年起,我国农机工业出口总额一直大于进口总额。

(5) 进入新常态发展阶段。

随着农业生产方式转变和农业产业结构调整,以及农机工业持续高速发展积累的各种矛盾和问题开始显现,农机工业发展速度放缓。2014 年,中国农机工业平均两位数的高速增长态势宣告终结,开始进入中低速增长、稳步健康发展的新阶段。2015 年,农机装备列入"中国制造2025"十大重点发展领域,为农机工业发展提供了新的机遇。工业和信息化部、农业农村部和国家发展改革委组织编制了《农机装备发展行动方案(2016-2025)》(下文简称"方案"),农机工业必须以《方案》规划的任务和目标为依据,以农业农村部关于主要农作物生产全程机械化推进意见为导向,紧紧围绕科技进步、创新驱动、产品转型升级、提质增效这条主线,以调整优化产品结构、突破瓶颈、主攻短板为重点,进一步深化农机农艺融合、机械化和信息化融合,紧跟智能制造和智能农机装备发展大趋势,不断研发和生产先进适用的农机装备,进一步提升支撑农业机械化发展的保障能力,为推进中国农业生产全程机械化和全面机械化做出更大的贡献。

1.2　农机装备再制造概述

随着资源的日益枯竭和环境污染的加剧,人们逐渐认识到可持续发展的重要意义,并不断探索实现可持续发展的手段。再制造工程就是人类在资源日益匮乏和环境污染加剧的情况下形成的一门新的工程学科,且因其巨大的资源、环境、社会效益而受到世界各国的重视,成为发展循环经济、实现节能减排的重要支撑。随着农业生产全程机械化和全面机械化的不断深入,农机装备再制造必然成为现代农机装备可持续发展的一个重要途径。

再制造是指将废旧产品运用高科技手段进行专业化修复或升级改造,使其质量和性能恢复到新品甚至超过新品质量和性能的制造过程。再制造工业的起源,可以追溯至 19 世纪二三十年代。进入 20 世纪后,经济萧条导致的资源匮乏极大地刺激了再制造业的发展,第二次世界大战是促进再制造发展的主要因素。战争消耗导致钢铁等一些原材料严重不足,无法支撑巨大数量武器装备的制造,需要重新利用诸如报废装备及汽车上的耐用零件来迅速再制造出新的装备。20 世纪 70 年代,美国政府意识到传统制造业快速发展带来的诸如固体废弃物处理、能源保护、资源枯竭及资源浪费等问题对国家的可持续发展构成了巨大威胁,开始积极探索废弃资源的优质、高效再利用问题的解决方案。随着研究的深入,越来越多国家的工业界和政府部门将低消耗、高效益的再制造业作为既能减小环境污染又不影响自身利益的方式而大力推广,这进一步促进了再制造业的发展。再制造业的日益发展,也使其能够在减少资源消耗、环境污染的情况下,不断向社会提供环保、经济、满足生活和工业需求的产品及设备,促进社会的健康和谐发展。自 20 世纪 90 年代,我国再制造业也随着资源枯竭、环境污染的紧迫形势提上日程,尤其是在一批知名专家学者的大力推动下得到了快速发展。目前,我国再制造业主要集中于汽车发动机、大型轧辊以及工程机械等领域。

我国是农业大国,农机装备不但保有量大,而且每年报废的数量也十分惊人。如果根据平均使用年限为 10 年计算,每年将有几百万台的农机装备报废。可见,农机装备再制造在我国有着非常广阔的资源潜力。推动和发展农机装备再制造,可为发展循环经济、建设资源节约型和环境友好型社会以及我国的农业经济可持续发展做出积极贡献。首先,实施农机装备再制造的环保作用突出。农机装备主体部分以金属件为主,目前多采用单纯的回炉处理,不仅资源得不到有效利用,而且还会对环境产生二次污染。通过废旧农机装备再制造,可以减少新品的生产,减少制造对环境的不利影响。其次,实施农机装备再制造的节能潜力巨大。参照其他领域再制造发展的实践,如再制造发动机和交流发电机所需能源分别仅为传统制造过程的 7% 和 14%,耗材分别仅为传统制造过程的 13% 和 11%。可见,实施农机装备再制造所产生的节能效果也将非常巨大。再次,实施农机装备再制造,可为农户提供质优价廉的农机产品。再制造产品有明显的价格优势,如再制造发动机,其质量和使用寿命可与新机媲美甚至高于原品,而价格则仅为新机的 50% 左右。因其具有上述种种经济社会贡献,农机装备再制造可谓正处朝阳时期。

根据上述再制造的概念,可以将农机装备再制造过程理解为将废旧农机装备运用高科技手段进行专业化修复或升级改造,使其质量和性能恢复到新品甚至超过新品的制造过程。农机装备再制造使农机装备全寿命周期由开环变为闭环,由单一寿命周期变为循环多寿命周期,在提升现役农机装备的经济效益、促进现代农机装备技术的发展、完善农机装备全寿命周期管理和推动现代农机装备的可持续发展等方面具有重要意义。

(1)提升现役农机装备的经济效益

面对大量需维修和报废的农机装备,如何尽量减少材料和能源浪费以及减少环境污染,最大限度地重新利用资源,已经成为亟待解决的问题。农机装备再制造能够充分利用已有资源(报废农机产品或其零部件),不仅满足现代农机装备可持续发展战略的要求,而且可形成一个高科技的新兴农机装备制造产业,创造更大的经济效益、就业机会和社会效益。随着农机装备更新换代,我国的农业机械正在经历着或面临着改造更新的过程。农机装备再制造,不仅能够延长现役农业装备的使用寿命,最大限度地发挥其作用,也能够对老旧装备进行高技术改造,给旧装备赋以高新技术,满足新时期的需要。

(2)促进现代农机装备技术的发展

众所周知,现代农机装备尤其是其中的重要装备,从论证设计到制造定型直至投入使用,其周期往往需要十几年甚至几十年的时间,在这个过程中原有技术会不断改进,新材料、新技术和新工艺会不断出现。农机装备再制造,能够在很短的周期内将这些新成果应用到再制造产品上,从而提高再制造产品质量、降低成本和能耗、减小环境污染,同时也可将这些新技术的应用信息及时地反馈到农机装备设计和制造中,大幅度提高产品的设计和制造水平。可见,农机装备再制造,在应用最先进的设计和制造技术对报废产品进行恢复和升级的同时,还能够促进农机装备先进设计和制造技术的发展,为新产品的设计和制造提供新观念、新理论、新技术和新方法,缩短新产品的研制周期。

（3）完善农机装备全寿命周期管理

目前,国内外越来越重视农业生产中装备的全寿命周期管理。传统的农机装备的寿命周期为从设计开始到报废结束。全寿命周期管理,不仅要求考虑产品的论证、设计、制造的前期阶段,而且还要考虑装备的使用、维修直至报废品处理的后期阶段,其目标是在装备的全寿命周期内,使资源的综合利用率最高、对环境的负面影响最小、费用最低。农机装备再制造,在综合考虑环境和资源效率问题的前提下,在农机装备报废后能够高质量地提高整机或零部件的重新使用次数和重新使用率,从而使产品的寿命周期成倍延长,甚至形成产品的多寿命周期,完善农机装备全寿命周期管理内容。

（4）推动现代农机装备的可持续发展

我国面临的资源短缺和环境污染严重的问题越来越突出,发展生产和保护环境、节省资源已经成为日益激化的矛盾,解决这一矛盾的唯一途径就是从传统的制造模式向可持续发展的模式转变,即从高投入、高消耗、高污染的传统发展模式向提高生产效率、最高限度地利用资源和最低限度地产出废物的可持续发展模式转变。农机装备再制造推动现代农机装备可持续发展的作用主要体现在以下几个方面:①通过再制造性设计,在设计阶段就赋予农机装备减少环境污染和实现可持续发展的结构和性能特征;②再制造过程本身不产生或产生很少的环境污染;③再制造产品比制造同样的新产品消耗更少的资源。

1.3　农机装备再制造技术概述

1.3.1　农机装备再制造技术的概念

农机装备再制造技术是指将废旧的农机装备及其零件修复、升级成质量等同于或优于新品的各项技术的统称。简单地讲,农机装备再制造技术就是在废旧农机装备再制造过程中所用到的各种技术的统称。农机装备再制造技术是废旧农机装备再制造生产的重要支撑,是实现废旧产品再制造生产高效、经济、环保的保证,它既是先进绿色制造技术,又是农机装备维修技术的创新发展。

1.3.2　农机装备再制造的工艺流程

农机装备再制造,就是运用再制造技术将废旧农机装备制成规定性能的农机装备的方法和过程,其工艺过程一般包括拆解、清洗、毛坯检测、再制造加工、零件测试、装配、磨合试验、喷涂包装等步骤。由于再制造的产品种类、生产目的、生产组织形式不同,不同产品的再制造工艺也有所区别,但主要过程类似,一般农机装备再制造的工艺流程如图 1-7 所示。再制造过程中还包括重要的信息流。例如,对各步骤零件情况的统计,可以为掌握不同类别产品的再制造特点提供信息支撑。再如,统计结果显示,某类零件通过清洗后,检测到其损坏率较高,并且检测后发现该类零件恢复价值较小,低于检测及清洗费用,那么在再制造过程中可将该类零件直接报废,无需经过清洗等步骤,以提高生产效率;也可以在需要的情况下,对该类零件进行有损拆解,以保持其他零件的完好性。此外,通过建立再制造产品整机的测试性能档案,可以为产品的售后服务提供保障。

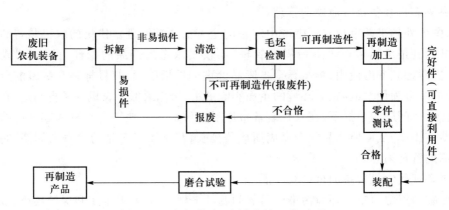

图 1-7　农机装备再制造的工艺流程

1.3.3　农机装备再制造技术的内容体系

根据前述对废旧农机装备再制造工艺流程的分析,结合农机装备再制造生产实践,可将农机装备再制造技术分为农机装备再制造性评价技术、农机装备再制造拆解技术、农机装备再制造清洗技术、农机装备再制造毛坯检测技术、农机装备再制造加工技术和农机装备再制造寿命评估技术,其中农机装备再制造拆解技术、农机装备再制造清洗技术、农机装备再制造毛坯检测技术又可统称为农机装备再制造前处理技术,这也就构成了农机装备再制造技术的内容体系(图 1-8)。

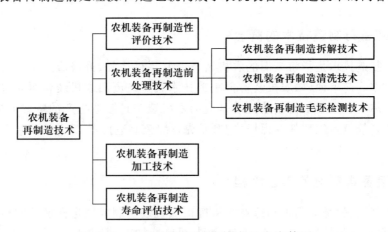

图 1-8　农机装备再制造技术的内容体系

（1）农机装备再制造性评价技术

农机装备再制造性评价技术，是指在废旧农机装备再制造前，设计并评价其再制造性，确定其能否以及如何进行再制造的技术或方法。如果在研制阶段就考虑产品的再制造性，能够显著提高产品末端时的再制造能力，增强再制造效益，故再制造性设计成为再制造性评价技术的一个重要发展方向，其对农机装备设计技术具有推动意义。

（2）农机装备再制造拆解技术

农机装备再制造拆解技术，是农机装备再制造前处理技术的重要组成部分之一，其是对废旧农机装备进行拆解的方法与技术工艺，是研究如何实现农机装备的最佳拆解路径及无损拆解方法，进而高质量地获取废旧农机装备零件的技术工艺。

（3）农机装备再制造清洗技术

农机装备再制造清洗技术，也是农机装备再制造前处理技术的重要组成部分之一，其是采用机械、物理、化学和电化学等方法清除拆解后农机装备零件内部或表面的各种污物（灰尘、油污、水垢、积炭、旧漆层和腐蚀层等）的技术和工艺过程。废旧农机装备及其零件表面的清洗对零件表面形状及性能鉴定的准确性、再制造产品质量和再制造产品使用寿命均具有重要影响。

（4）农机装备再制造毛坯检测技术

对农机装备再制造毛坯即拆解后的废旧农机装备零件进行检测，是为了准确地掌握零件的技术状况，根据技术标准分出可直接利用件、可再制造件和报废件。农机装备再制造毛坯检测包括对零件几何参数和力学性能的鉴定以及零件缺陷和剩余寿命的无损检测与评估，它直接影响农机装备的再制造质量、再制造成本、再制造时间以及再制造后产品的使用寿命。农机装备再制造毛坯检测技术也属于农机装备再制造前处理技术的范畴。

（5）农机装备再制造加工技术

再制造加工技术的任务是恢复有再制造价值的损伤失效零件的几何参数和力学性能，采用的方法包括表面工程和机械加工技术与方法。农机装备再制造加工技术是综合研究农机装备零件的损坏失效形式、再制造加工方法及再制造后性能的技术，是提高农机装备再制造产品质量、缩短再制造周期、降低再制造成本、延长产品使用寿命的重要措施，尤其对于贵重、大型零件及加工周期长、精度要求高的零件及需要特殊材料或特种加工的零件来说，其意义更为突出。

（6）农机装备再制造寿命评估技术

再制造是对废旧产品进行修复与提升的先进逆向制造过程。它需要回答的重要问题之一就是"再制造后怎样"，即再制造产品是否可以在新一轮服役周期中安全服役，农机装备的再制造也同样如此。对再制造后农机零件的使用寿命进行预测及在使用时对寿命进行评估，在整个农机装备再制造中有着巨大的意义。

1.4 课程学习要求

根据新时期高素质复合型工程技术人才培养要求，秉承"工中有农、以工支农"的发展理念，针对复杂工程问题解决能力的养成需要，本教材致力于培养学生根据农机装备再制造对象开展再制造性评价、合理选择再制造前处理技术和再制造加工技术、对再制造产品进行寿命评估并理解再制造过程中所涉及的重要经济和管理因素等方面的综合能力。

具体的能力要求如下：

（1）熟知中国农机装备的发展历程和农机装备再制造的重要意义，树立知农爱农、精益求精及科技报国的家国情怀和工匠精神。

（2）能够利用现代信息技术工具，根据再制造对象开展再制造性评价、合理选择再制造前处理技术和再制造加工技术并对再制造产品进行寿命评估。

（3）能够理解废旧农机装备再制造中涉及的重要经济与管理因素，较好地处理技术因素和非技术因素间的关系。

思考题与练习

1-1　简述农业机械化在现代农业中的重要性。

1-2　中国农机工业历经了哪些发展阶段？简要地概述每个阶段的特点。

1-3　简述农机装备再制造的含义。

1-4　农机装备再制造有哪些重要意义？

1-5　农机装备再制造在推动现代农机装备可持续发展中的作用主要表现在哪些方面？

1-6　简述农机装备再制造的一般工艺流程。

1-7　概述农机装备再制造技术的内容体系。

1-8　说说废旧农机装备再制造中涉及的重要经济与管理因素。

1-9　查阅资料了解新中国首个女拖拉机手梁军（第三套人民币1元纸币上女拖拉机手）的故事。

1-10　查阅资料了解以下历史典籍中有关农机装备的内容。

（1）《耒耜经》；（2）《王祯农书》；（3）《农政全书》。

第2章 农机装备再制造性评价技术

除可靠性、安全性等之外,产品本身的属性还包括再制造性。再制造性有广义再制造性和狭义再制造性之分。其中,广义再制造性一般又可以分为设计再制造性和实际再制造性。设计再制造性,是指产品设计中所赋予的静态再制造性,用于定义、度量和评定产品设计、制造的再制造性水平;狭义再制造性也就是实际再制造性,是指废旧产品在再制造过程中实际具有的动态再制造性,其受再制造条件影响较大。考虑到现阶段农机装备在设计过程中多数尚未将再制造性纳入其设计要求,故这里仅讨论再制造性狭义范畴的实际再制造性。在狭义再制造性范畴内,实际再制造性可简称为再制造性,其指的是经技术、经济、环境和资源等因素综合分析后,废旧产品所具有的通过修复或改造等而恢复或超过原产品性能的能力。与其他废旧产品再制造一样,当废旧农机装备送至再制造工厂后,首先需要对其再制造性进行评价,以确定其是否适合进行再制造。

2.1 农机装备再制造性评价概述

要对废旧农机装备进行再制造,首先需要知道该废旧农机装备是否适合进行再制造,即需对废旧农机装备的再制造性进行评价。

2.1.1 农机装备再制造性评价过程

合适的再制造性评价模型,对于准确评价再制造性具有决定性作用。农机装备是一类典型的机电产品,故其再制造性评价可以较为成熟的机电产品再制造性评价模型为基础,同时考虑农机装备再制造的特殊性,建立其再制造性评价模型,如图2-1所示。

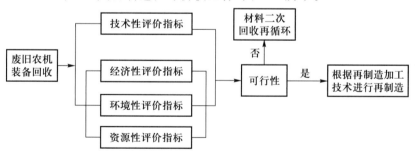

图 2-1 农机装备再制造性评价模型

该模型结合技术、经济、环境和资源四大再制造决策属性,通过对影响废旧农机装备再制造的技术性因素和非技术性因素进行分析,建立废旧农机装备再制造性综合评价指标体系及其框架流程。通过对废旧农机装备的技术性和经济性、环境性和资源性等非技术性因素进行分析,确定其再制造的可行性。若可行,则运用再制造技术进行再制造;若不可行,则对其进行材料的二次回收再循环。

2.1.2　农机装备再制造性评价标准

根据图 2-1 中的评价模型可以看出,废旧农机装备的再制造性取决于再制造性的四个评价指标值及其相应的权重,如果得到技术性评价指数(即指标值)μ_T、经济性评价指数 μ_E、环境性评价指数 μ_H 和资源性评价指数 μ_Z 及其相应权重 w_T、w_E、w_H、w_Z 的大小,可以得出废旧农机装备的再制造性综合评价指数 μ。

$$\mu = \mu_T w_T + \mu_E w_E + \mu_H w_H + \mu_Z w_Z \tag{2-1}$$

根据计算出的 μ 的大小可定性判断再制造性的好坏,见表 2-1。

表 2-1　农机装备再制造性综合评价指数与其再制造性的关系

μ 的取值	$\mu < 0.5$	$0.5 \leq \mu \leq 0.8$	$\mu > 0.8$
再制造性	再制造性差	可以进行再制造	再制造性好

2.2　农机装备再制造性评价指标

根据图 2-1 中的农机装备再制造性评价模型可知,农机装备再制造性评价指标一般包括技术性评价指标、经济性评价指标、环境性评价指标和资源性评价指标。

2.2.1　技术性评价指标

(1)技术性评价指标权重分析

农机装备再制造一般包括以下工艺过程:拆卸、清洗、检查、保养、修复、替换、检测和再装配,这与其他机电产品的再制造工艺基本一致。为了与现有已较为成熟的机电产品再制造性评价的技术性评价指标保持一致,将上述八个工艺过程归类为关键零件替换和其他再制造两大类,将其他再制造又分为四个独立的方面(表 2-2),包括零件连接,由拆卸和再装配评判准则组成;质量保证,由检测和检查评判准则组成;损坏修复,由保养和修复评判准则组成;清洗。

表 2-2　技术性评价指标结构表

技术性评价指标分类	分类	权重%	度量项目	每个项目所占权重%	指数概率
关键零件替换	关键零件替换	100	替换	100	0.01
其他再制造	零件连接	30	拆卸	30	——
			再装配	70	——
	质量保证	30	检测	80	——
			检查	20	——
	损坏修复	15	保养	20	0.98
			修复	80	0.99
	清洗	25	清洗	100	——

（2）零件拆装及检测时间分析

在技术性评价指标分析中，除了技术性评价指标权重之外，时间因素也十分重要。

农机装备组成可分为连接件、传动件、轴系零件及其他零件。视拆卸难易程度，连接件拆卸的时间 m_1 为 1～5 min，传动件拆卸的时间 m_2 为 1～15 min，轴系零件拆卸的时间 m_3 为 5～10 min，其他零件的拆卸时间 m_4 为 10～20 min。而零件装配与拆卸的时间大致相同。此外，连接件检测的时间为 $0.2m_1$～$0.4m_1$，传动件检测的时间为 $0.3m_2$～$0.5m_2$，轴系零件检测的时间为 $0.4m_3$～$0.6m_3$，其他零件检测的时间为 $0.1m_4$～$0.8m_4$。

（3）技术性评价指数的计算

表 2-2 中替换、拆卸、再装配、检测、检查、保养、修复、清洗各指数的计算方法如下。

① 替换指数

$$\mu_1 = \left(1 - \frac{n_1}{n_3}\right) \times (1 - P_1) \tag{2-2}$$

式中：n_1 为关键零件替换数；n_3 为关键零件数；P_1 为替换指数概率。

关键零件指机械在加工制造过程中或者在执行机械作业中所需的最重要的构成零件。

② 拆卸指数

$$\mu_2 = \frac{n_2 \times 3}{t_2} \tag{2-3}$$

式中：n_2 为理想零件数；t_2 为实际拆卸时间。

通常来说，理想零件必须满足以下标准之一：只考虑大的移动范围；要达到设计要求必须采用特定的材料制成；必须方便装配及拆卸；需要将其磨损转移到价值相对低的零件上。

③ 再装配指数

$$\mu_3 = \frac{n_2 \times 3}{t_3} \tag{2-4}$$

式中：t_3 为实际装配时间。

④ 检测指数

$$\mu_4 = \frac{n_4 \times 4.5}{t_4} \tag{2-5}$$

式中：n_4 为检测零件数；t_4 为实际检测时间。

⑤ 检查指数

$$\mu_5 = \frac{n_5}{n - n_6} \tag{2-6}$$

式中：n_5 为理想检查零件数；n 为零件数；n_6 为被替换零件数。

⑥ 保养指数

$$\mu_6 = \left(1 - \frac{n_6 - n_1}{n}\right) \times P_2 \tag{2-7}$$

式中：P_2 为保养指数概率。

⑦ 修复指数

$$\mu_7 = \left(1 - \frac{n_7}{n}\right) \times P_3 \qquad\qquad (2-8)$$

式中：n_7 为修复零件数；P_3 为修复指数概率。

⑧ 清洗指数

$$\mu_8 = \frac{n_8}{s_8} \qquad\qquad (2-9)$$

式中：s_8 为清洗分数；n_8 为理想清洗分数。

清洗是去除零件上其他不利于再制造的残留物的过程，这些残留物包括燃料、润滑油、废屑、铁锈、污渍、灰尘等，可将其分为疏松的堆积物、干黏附物、含油堆积物以及油类。清洗是再制造过程中最重要的工艺之一，而且一般投资也比较大。清洗的方法有吹、烘、擦和洗 4 种。这 4 种方法投资大小不同，适用于清洗不同的残留物。根据清洗方法的投资不同，比较表 2-3 的行和列，得出优先矩阵：

① 清洗方法（行）比清洗方法（列）投资大得多，5.0 分；

② 清洗方法（行）比清洗方法（列）投资大，3.0 分；

③ 清洗方法（行）比清洗方法（列）投资相同，1.0 分；

④ 清洗方法（行）比清洗方法（列）投资小，1/3（表 2-3 中取为 0.3）分；

⑤ 清洗方法（行）比清洗方法（列）投资小得多，1/5（表 2-3 中取为 0.2）分。

将最小投资方法（吹）的分数取 1，其他方法的分数可以按同样的比例标定，得到近似清洗分数。圆整小数位，得到清洗分。表 2-3 中列出了计算的清洗分数。

表 2-3　清 洗 分 数

清洗方法	吹	烘	擦	洗	得分	权重/%	清洗分数	代码
吹	1.0	1.0	0.3	0.2	2.5	9.5	1	A
烘	1.0	1.0	0.3	0.2	2.5	9.5	1	B
擦	3.0	3.0	1.0	0.3	7.3	27.8	3	C
洗	5.0	5.0	3.0	1.0	14	53.2	6	D
合计					26.3	100		

得到上述 8 个指数后，便可以根据表 2-2 计算技术性评价指数 μ_T。即

$$\mu_T = \mu_1 \left(\sum_{j=2}^{8} \frac{w_j}{\mu_j}\right)^{-1} \qquad\qquad (2-10)$$

式中：w_j 为权重；μ_j 分别为上述除替换指数之外的其他 7 种指数。

2.2.2　经济性评价指标

农机装备再制造过程中的具体费用可以分为六个部分。

1. 回收废旧产品成本 C_0

在产品的回收过程中，因零售商根据产品的表面损伤状况评价给出一定的价格标准而对其价值评估会有一定的偏差，进而在废旧产品价值上也存在相对较大的差异。

2. 初步处理费用 C_1

初步处理费用包括拆卸费用 C_{11}、检测费用 C_{12} 和清洗费用 C_{13}。

拆卸费用 C_{11}：人工的工时费，技师对整个产品进行简单分析与拆卸。

检测费用 C_{12}：经过拆卸后，零部件需要进行检测，分析出损伤状况是否可以预测，进而对产品的复杂程度、设计参数进行全面的分析，最终判定出各个零件的可再制造程度以及修复方式。

清洗费用 C_{13}：在初步检测分析之后，产品个别零部件具有可再制造性，则需要利用吹、烘、擦和洗等方法进行初步的再制造处理。

即初步处理费用为：

$$C_1 = C_{11} + C_{12} + C_{13} \tag{2-11}$$

3. 各部分零件再制造处理的总费用 C_2

① 保养后可直接使用的产品数量为 N_1，这些零件经过保养后可直接使用，保养费用为 C_{21}。

② 可进行再制造修复的产品数量为 N_2，可经过再制造后重用，再制造修复费用为 C_{22}。

③ 不可进行再制造的产品数量为 N_3，不可直接重用，对其总的处理费用为 C_{23}。这部分零件可根据零件性质和特点再次分为三种处理方式：直接进行材料回收、对材料进行降阶使用和剩余部分的垃圾处理。

直接进行材料回收的费用为 C_{231}，

$$C_{231} = \sum m_{231i} \times P_i \tag{2-12}$$

式中：m_{231i} 为第 i 种直接回收材料的质量，P_i 为回收单位质量第 i 种直接回收材料所需要的费用。

对材料进行降阶使用的费用为 C_{232}，

$$C_{232} = \sum m_{232j} \times P_j \tag{2-13}$$

式中：m_{232j} 为第 j 种降阶使用材料的质量，P_j 为回收单位质量第 j 种降阶使用材料需要的费用。

垃圾处理费用为 C_{233}，

$$C_{233} = \sum m_{233k} \times P_k \tag{2-14}$$

式中：m_{233k} 为第 k 种作为垃圾处理零件的质量，P_k 为单位质量第 k 种作为垃圾处理材料的处理费用。

因此，不可进行再制造的产品的总处理费用为：

$$C_{23} = C_{231} + C_{232} + C_{233} \tag{2-15}$$

④ 经过处理的零件需要进行再制造的费用 W。

综上可得，各部分零件再制造处理的总费用为：

$$C_2 = C_{21} + C_{22} + C_{23} + W \tag{2-16}$$

4. 再制造产品的新增零件和再装配费用 C_3

C_3 为通过报废不可再制造零件的补充费用及将已有的零件进行再次装配成为新产品的费用。

5. 再制造后新产品的综合费用 C_4

在二次产品中设计、销售以及新技术注入等费用。

6. 废弃品处理过程中的收益 R

废弃品处理过程中的收益 R 包括在废弃品的回收过程中材料回收的收益价值 R_1 和可降阶使用的材料的收益价值 R_2。

可直接材料回收的收益价值为 R_1，

$$R_1 = \sum_{i=1}^{m} RM_{z_i} \qquad (2\text{-}17)$$

可降阶使用的材料的收益价值为 R_2，

$$R_2 = \lambda \sum_{i=1}^{k} RM_{z_i} \qquad (2\text{-}18)$$

式(2-17)、式(2-18)中，RM_{z_i} 为第 i 种材料的价值，λ 为可降阶使用材料的折旧率。

因此，废弃品处理过程中的收益为：

$$R = R_1 + R_2 \qquad (2\text{-}19)$$

综上可知，一个废旧农机产品进行完整的再制造所需要的总费用为：

$$C_t = C_0 + C_1 + C_2 + C_3 + C_4 - R \qquad (2\text{-}20)$$

即得折扣率：

$$D = \frac{C_t}{C_t'} \qquad (2\text{-}21)$$

式中：C_t 为农机产品再制造成本；C_t' 为同种性能新的农机产品的制造成本。

当 $D \leqslant 40\%$ 时，企业将获得较高利润；当 $40\% < D < 70\%$ 时则企业获利，经济上具有可再制造性；而当 $70\% \leqslant D < 100\%$ 时，由于缺乏市场价格竞争优势，企业基本不会获利；当 $D \geqslant 100\%$ 时，再制造性则完全不可行。

根据上述分析，经济性评价指数 μ_E 可定义为一个与 D 相关的分段函数，见式(2-22)。当 $D \leqslant 40\%$ 时，$\mu_E = 1$；当 $40\% < D < 70\%$ 时，$\mu_E = 1.8 - 2D$；当 $70\% \leqslant D < 100\%$ 时，$\mu_E = 0.4$；当 $D \geqslant 100\%$ 时，$\mu_E = 0$。

$$\mu_E = \begin{cases} 1 & D \leqslant 40\% \\ 1.8 - 2D & 40\% < D < 70\% \\ 0.4 & 70\% \leqslant D < 100\% \\ 0 & D \geqslant 100\% \end{cases} \qquad (2\text{-}22)$$

通过以上的界定，可以得到当 $\mu_E = 1$ 时，农机装备再制造存在非常高的经济利润；而当 $0.4 < \mu_E < 1$ 时，经济性评价指数 μ_E 越大则再制造经济利润值越大；而当 $\mu_E = 0.4$ 时，则基本不会获利。

2.2.3　环境性评价指标

污染排放对环境有多种危害。由于每种物质的各项指标对环境的影响不同，要对其影响进行评比，就要将这些影响结果统一并使其量纲为一。一个产品可能排放出各种对环境有负面影响的物质，因此，须将上述各种影响结果加权归一化。污染物分类见表2-4。

表 2-4　废旧农机装备产生的污染物

污染排放种类	主要污染物
空气污染物	气体微尘、二氧化碳、一氧化碳、碳氢化合物、二氧化硫、氮氧化合物等
水体污染物	主要是废水中的油(来源于产品零件之间的润滑油、乳化油、清洗零件所用的清洗剂)
固体污染物	废旧产品中的部分金属、塑料、纤维、木材、橡胶、玻璃、陶瓷

排放的污染物产生的危害种类有很多,包括温室效应、臭氧破坏、光化学污染、富营养化以及酸化和悬浮颗粒物污染等。在本评价系统中只考虑温室效应、臭氧破坏以及光化学污染的影响。

温室效应主要是由大气中二氧化碳的排放引起的,二氧化碳产生的途径有很多,所以在计算过程中,要用等效二氧化碳量来计算,不同物质对温室效应的等效影响因子见表2-5。

表2-5 不同物质对温室效应的等效影响因子

物质	等效影响因子		
	20 年	100 年	500 年
CO_2	1	1	1
CH_4	62	25	8
N_2O	290	320	180
$CFCl_3$	5 000	4 000	1 400
CCl_4	2 000	1 400	500
CO	2	2	2

臭氧破坏是由氟利昂引起的,再制造过程中排放的废气经过长时间的作用也可能转换成氟利昂破坏臭氧层,它们之间的等效影响因子见表2-6。光化学污染和酸化物质的等效影响因子见表2-7。

表2-6 废气对臭氧层破坏的等效影响因子

物质	等效影响因子		
	5 年	20 年	100 年
CCl_3F	1	1	1
CCl_4	1.26	1.23	1.14
CCl_2F_2	0.55	0.59	0.78
CHCl	1.03	0.45	0.15
CHF_2C	0.19	0.14	0.07
CF_3Br	10.3	10.5	11.5
CF_2ClBr	11.3	9.0	4.9

表2-7 光化学污染和酸化物质的等效影响因子

物质		C_2H_4	CH_4	C_2H_2	$CHCl_3$	CH_2Cl_2	CH_3CCl_3	C_6H_6
等效影响因子	高浓度 NO_x	1.0	0.007	0.4	0.004	0.02	0.002	0.4
	低浓度 NO_x	1.0	0.007	0.2	0.003	0.01	0.001	0.2

通过不同种类物质影响的具体数值量化,得到产品第 i 类影响的排放值 E_i 为:

$$E_i = \sum_{j=1}^{n} Q_j E_{q_j} \tag{2-23}$$

式中：n 为产品排放的对 i 类环境影响的物质总类数；Q_j 为第 j 类物质的排放数量；E_{q_j} 为第 j 类物质的等效影响因子。

在产品再制造中，零件分为三类：① 经保养后合格的再使用零件；② 经修复强化后的再制造零件；③ 报废后被替换的新品零件。

其中对于① 来说，由于可能会进行擦洗处理等，有可能对环境造成一定的污染；对于② 在修复过程中也可能会对环境造成一定的污染；对于③ 来说，其和制造新零件具有同样的环境污染性。

经保养后可直接重用零件① 对环境的影响：

$$E_c^i = \sum_n Q_j E_{q_j} \tag{2-24}$$

经修复强化后使用的零件② 在修复过程中对环境造成的影响：

$$E_x^i = \sum_n Q_j E_{q_j} \tag{2-25}$$

在重新制造替换零件③ 时对环境造成的影响：

$$E_m^i = \sum_n Q_j E_{q_j} \tag{2-26}$$

然后相对参照产品使量纲为一，这样能比较同一个产品的不同类的环境影响大小，也可同时表明产品环境性能的薄弱环节。

得出上述指数后，就可以利用式（2-27）来计算各项污染物的环境影响指数。

$$\mu_H^i = \frac{E_m^i}{E_c^i + E_x^i} \tag{2-27}$$

再利用下式计算环境性评价指数

$$\mu_H = \frac{1}{i} \sum_i^t \mu_H^i \tag{2-28}$$

如果 $\mu_H > 1$，取 1；如果 $\mu_H < 1$，则取 μ_H。

2.2.4　资源性评价指标

再制造产品与原始制造产品的原料获取不同，原始制造产品使用的是各种钢材、有色金属、塑料、橡胶等原材料，它们都要消耗大量的不可再生的原料资源，并在采矿、冶炼、合成等过程中消耗大量的能源；而再制造产品使用的"原料"（或称"毛坯"），是前期制造并经过服役的废旧产品及其零部件，其获取过程也就是废旧产品的回收过程。显然，此过程不需要消耗原料资源，也极少消耗能源。这里给出一个体现资源利用效率的指标，即产品再制造资源充分利用程度，该指标值即指数 R_μ 为：

$$R_\mu = \frac{n_{op}}{n_t} \cdot \frac{v_{op}}{v_t} \tag{2-29}$$

式中：n_{op} 为旧零件数量；n_t 为产品零件总数；v_{op} 为旧零件价值；v_t 为产品的总价值。n_{op}/n_t 反映废旧零件数量所占比例；v_{op}/v_t 反映旧零件利用价值。

1. 原料资源消耗系数

产品恢复性再制造中,零件一般包括三类:① 经过简单保养后可直接再使用的零件;② 经过再制造修复强化后的再制造零件;③ 报废不可再使用零件后所替换的新品零件。

其中,第① 部分基本上没有原料资源消耗;第③ 部分的原料资源消耗与原始制造过程相同;而第② 部分的再制造零件,根据其失效类型等不同,将会有不同的工艺流程,那么也会有不同的原料资源消耗。

可以根据② 和③ 所占总零件的比例和价值,来得到再制造该产品与新制造该产品的原料资源消耗系数。

$$R_z = \frac{n_t}{n_x} \cdot \frac{v_t}{v_x} K_x + \frac{n_t}{n_f} \cdot \frac{v_t}{v_f} K_f \tag{2-30}$$

式中:n_x 为可修复零件数量;n_t 为产品零件总数;n_f 为报废零件数量;v_x 为可修复零件价值;v_t 为产品零件总价值;v_f 为报废零件总价值;K_x 和 K_f 为调整系数,如果可修复零件或报废零件的材料相对珍贵或零件总体价值相对较大,K_x 和 K_f 则取稍大值,否则取稍小值,最小不能小于1,调整系数 K_x 和 K_f 的值一般为 1~3。

原料资源消耗系数应该总是大于1的,除非在特殊情况下,计算环境影响值时取1。

2. 能源消耗系数

对零件进行再制造时,只需要对零件的局部或表面进行修复或强化,相对于该零件的制造过程来讲,只消耗很少的能源。同样,在产品恢复性再制造中,零件包括三类:①经简单保养后可直接再使用的零件;②经修复强化后的再制造零件;③报废后被替换的新品零件。对于①,可以继续使用,既没有原料资源的消耗,也没有能源的消耗,可以继续投入使用;对于③,和制造新零件消耗同样的能源;对于②在修复过程中消耗一定的能源,可以用下列公式来计算能源消耗系数。

能源总需求为各个模块能源总需求之和。各个模块能源需求计算公式为:

$$ZN_i = \sum_{i=1}^{n} N_i \times P_i \tag{2-31}$$

$$RN_i = \sum_{i=1}^{n} N_i \times P_i \tag{2-32}$$

式中:ZN_i 为产品中 $(n_t - n_f)$ 个零件在制造过程中对各模块能源的总需求;RN_i 为某零件在再制造和某零件在保养过程中对各模块能源的总需求;N_i 为第 i 种能源的消耗量;P_i 为第 i 种能源折合标准能源系数。表2-8和表2-9分别列出了碳质能源和非碳质能源折合标准能源系数值。

表 2-8　碳质能源的折合标准能源系数值

能源名称	冶金焦煤	石油焦煤	无烟块煤	烟块煤	烟粉煤	柴油	汽油	煤气
单位	t	t	t	t	t	t	t	$10^4\,\mathrm{m}^3$
P_i	0.971 4	1.1	0.714 3	0.714 3	0.714 3	1.457 1	1.471 4	1.786

表 2-9　非碳质能源折合标准能源系数值

能源名称	电	水	蒸汽	压缩风	氧气
单位	$10^4 kW \cdot h$	$10^4 m^3$	t	$10^4 m^3$	m^3
P_i	4.04	1.268	0.094	0.482	0.000 9

利用下式表示能源消耗系数：

$$R_n = \frac{ZN_i}{RN_i} \qquad (2-33)$$

因此，资源性评价指数 μ_Z 为：

$$\mu_Z = R_z R_n \qquad (2-34)$$

2.3　农机装备再制造性评价指标的权重

根据式（2-1）可知，农机产品的再制造性综合评价指标值（即指数）μ 不仅包括技术性评价指标值 μ_T、经济性评价指标值 μ_E、环境性评价指标值 μ_H 和资源性评价指标值 μ_Z，还包含与之相应的指标权重。

2.3.1　权重的概念

用若干个指标进行综合评价时，每个指标对被评价对象的作用，从评价目标来看并不是同等的。在综合评价时，权重的大小反映了评价指标的重要程度，权重大的评价指标的重要程度大，权重小的评价指标的重要程度小。一般有两种表现形式：一种是用绝对数（频数）表示，另一种是用相对数（频率）表示。从包含信息的多少来考虑，权重越大，评价指标所包含的信息越多；从评价指标的区分能力来考虑，权重越大说明评价指标区别被评价对象的能力越强。

2.3.2　权重的确定方法

对实际问题选定评价指标后，确定各评价指标权重的方法有很多种，概括起来，权重的确定方法从总体上可归为两大类：主观赋权法、客观赋权法。

1. 主观赋权法

所谓主观赋权法，就是指基于决策者的知识经验或偏好，按重要性程度对各评价指标（属性）进行比较、赋值和计算得出其权重的方法。对于主观赋权法的研究，目前已取得的主要成果包括专家咨询法（德尔菲法）和层次分析法（AHP）。

（1）专家咨询法

专家咨询法又称德尔菲法（Delphi method），其特点在于集中专家的知识和经验，确定各评价指标的权重，并在不断的反馈和修改中得到比较满意的结果。基本步骤如下：

1）选择专家。这是很重要的一步，选得好不好将直接影响结果的准确性。在一般情况下，选取 10~30 名本专业领域中既有实际工作经验又有较深理论修养的专家，并需征得专家本人的同意。

2）将待定权重的 P 个评价指标和有关资料以及统一的确定权重的规则发给选定的各位专家,请他(她)们独立给出各评价指标的权重值。

3）回收结果并计算各评价指标权重的均值和标准差。

4）将计算的结果及补充资料返还给各位专家,要求所有的专家在新的基础上确定权重。

5）重复步骤3)和步骤4),直至各评价指标权重与其均值的离差不超过预先给定的标准为止,也就是各专家的意见基本趋于一致,以此时各评价指标权重的均值作为该评价指标的权重。

此外,为了使判断更加准确,令评价者了解已确定的权重的信任度大小,还可以运用"带有信任度的德尔菲法",该方法需要在上述步骤5)每位专家最后给出权重的同时,标出各自所给权重的信任度。这样,如果某一评价指标权重的信任度较高,就可以有较大的把握使用它,反之只能暂时使用或设法改进。

（2）层次分析法（AHP）

层次分析法（analytic hierarchy process,AHP）是 20 世纪 70 年代由著名运筹学家提出的。该方法是在多属性决策中,由决策者对所有评价指标进行两两比较,得到判断矩阵 $\boldsymbol{U} = (u_{ij})_{n \times n}$。其中 u_{ij} 为评价指标 s_i 与 s_j 比较后而得的数值,取值为 1 至 9 之间的奇数,分别表示前个评价指标同后个评价指标相比,是同等重要、较重要、很重要、非常重要还是绝对重要;当取值为 1 至 9 之间的偶数时,分别表示评价指标两两相比的重要性程度介于两个相邻奇数所表示的重要性程度之间,且 $u_{ij} = \dfrac{1}{u_{ji}}$。则有

$$w_j = \left(\prod_{i=1}^{n} u_{ij} \right)^{\frac{1}{n}} \quad (j = 1, 2, \cdots, n) \tag{2-35}$$

2. 客观赋权法

客观赋权法是基于各方案评价指标客观数据的差异而确定各评价指标权重的方法。目前,关于客观赋权法的主要研究成果有主要成分分析法和基于"差异驱动"原理的赋权方法。后者又可分为突出整体差异的拉开档次法和突出局部差异的均方差法、熵值法、极差法以及离差法等。下面介绍常用的几种客观赋权法。

（1）主成分分析法

方法:把多项评价指标综合成 z 个主成分,再以这 z 个主成分的贡献率为权重构造一个综合指标,并据此做出判断。

特点:用 z 个线性无关的主成分代替原有的 n 个评价指标,当这 n 个评价指标的相关性较高时,这种方法能消除评价指标间信息的重叠,而且能根据评价指标所提供的信息,通过数学运算而主动赋权。

（2）拉开档次法

拉开档次法的基本原理是从几何角度将 n 个被评价对象看成是由 m 个评价指标构成的 m 维评价空间中的 n 个点(或向量)。寻求 n 个被评价对象的评价值,就相当于把这 n 个点向一维空间做投影。采用该方法时需合理选择评价指标权重,使各被评价对象之间的差异尽量拉大。换言之,根据 m 维评价空间构造一个最佳的一维空间,使得 n 个点在此一维空间中的投影点最为分散,即分散程度最大,取极大型评价指标 $x_1, x_2, \cdots, x_m$ 的线性函数作为被评价对象的综合评价函数 $y = w_1 x_1 + w_2 x_2 + \cdots + w_m x_m = \boldsymbol{X}^\mathrm{T} \boldsymbol{W}$,式中 $\boldsymbol{W} = (w_1, w_2, \cdots, w_m)^\mathrm{T}$ 是 m 维待定正向量。确定权重

向量的准则是能最大限度地体现出不同的被评价对象之间的差异。用数学语言来说,就是求评价指标向量 X 的线性函数 y,使此函数对 n 个被评价对象取值的分散程度尽可能地大。

该方法的特点为:① 综合评价过程透明;② 评价结果与系统或评价指标的采样顺序无关;③ 评价结果客观、可比;④ 权重不具有"可继承性";⑤ 权重不再体现评价指标的相对重要程度。

（3）均方差法

均方差法也可称为标准差系数法,其思路是:直接将各评价指标的标准差系数向量进行归一化处理,结果即为信息量权重。某个评价指标的标准差越大,说明在同一评价指标内,各方案取值差距越大,在综合评价中所起的作用越大,其权重也越大;相反,某个评价指标的标准差越小,在综合评价中所起的作用越小,其权重也应越小。其方法如下:

1）以各评价指标为随机变量,各方案 $X_i(i=1,2,\cdots,m)$ 在评价指标 $Y_j(j=1,2,\cdots,n)$ 下的量纲为一的属性值为该随机变量的取值,求出这些随机变量（各评价指标）的均值

$$E(Y_j) = \frac{1}{m}\sum_{i=1}^{m} r_{ij}(j=1,2,\cdots,n) \tag{2-36}$$

2）求出评价指标 Y_j 的均方差

$$\sigma(Y_j) = \sqrt{\frac{\sum\limits_{i=1}^{m}\left[r_{ij}-E(Y_j)\right]^2}{m}}\ (j=1,2,\cdots,n) \tag{2-37}$$

3）求评价指标 Y_j 的权重

$$w_j = \frac{\sigma(Y_j)}{\sum\limits_{j=1}^{n}\sigma(Y_j)}(j=1,2,\cdots,n) \tag{2-38}$$

（4）熵值法

熵值法的思想为:信息熵越小,评价指标的变异程度越大,提供的信息量越多,在综合评价中所起的作用越大,权重也越大。其方法如下:

1）设规范化的决策矩阵 $R=(r_{ij})_{m\times n}$,令

$$p_{ij} = \frac{r_{ij}}{\sum\limits_{i=1}^{m} r_{ij}}(i=1,2,\cdots,m;j=1,2,\cdots,n) \tag{2-39}$$

2）评价指标的熵值为

$$h_j = -(\ln n)^{-1}\sum_{i=1}^{m} p_{ij}\ln p_{ij}(j=1,2,\cdots,n) \tag{2-40}$$

3）计算各评价指标的变异程度系数

$$c_j = 1-h_j(j=1,2,\cdots,n) \tag{2-41}$$

4）计算各评价指标的权重

$$w_j = \frac{c_j}{\sum\limits_{j=1}^{n} c_j}(j=1,2,\cdots,n) \tag{2-42}$$

2.3.3 农机装备再制造性指标权重的确定

影响农机装备再制造性的因素错综复杂,经归纳分析可知,再制造的技术、经济、环境和资源等影响因素综合决定了废旧农机装备的再制造性,而且它们之间也相互影响。综合考虑废旧农机装备的实际情况,结合农机装备再制造的经验,废旧农机装备通常选用层次分析法进行评价指标权重的确定。如前所述,层次分析法是将决策问题按总目标、各层子目标、评价准则直至具体的备选方案的顺序分解为不同的层次结构,然后用求解判断矩阵特征向量的办法,求得每一层次的各元素对上一层次某元素的优先权重,最后再用加权方法递阶归并各备选方案对总目标的最终权重,此最终权重最大者即为最优方案。这里所谓"优先权重"是一种相对的量度,它表明各备选方案在某一特点下的评价准则或子目标优越程度的相对量度,以及各子目标对上一层目标重要程度的相对量度。标度的含义见表 2-10,权重确定过程见表 2-11。

表 2-10 标度的含义

标度	含义
1	(行)因素与(列)因素相比,具有相同重要性
2	(行)因素与(列)因素相比,一个比另一个稍重要
5	(行)因素与(列)因素相比,一个比另一个重要
1/2	(行)因素与(列)因素相比,一个比另一个稍不重要
1/5	(行)因素与(列)因素相比,一个比另一个不重要

表 2-11 权重的确定

	技术性	经济性	环境性	资源性	累计分	重要度/%
技术性	1	1/2	5	2	8.5	32
经济性	2	1	5	5	13	49
环境性	1/5	1/5	1	1	2.4	9
资源性	1/2	1/5	1	1	2.7	10

2.4 联合收割机割台再制造性评价

下面以联合收割机主要工作装置割台为例,介绍其再制造性评价方法及过程。

2.4.1 联合收割机割台及其失效形式

联合收割机一般由割台、倾斜输送器、脱粒机、发动机、底盘、传动系统、液压系统、电气系统、驾驶室、粮箱和草箱等部分组成。其中,割台和脱粒机是完成收割、脱粒、分离和精选的主要工作部件。牵引式联合收割机由拖拉机牵引,并由其动力输出轴驱动工作部件,这就省去了发动机和底盘,而需增加牵引架和传动轴。悬挂式联合收割机用拖拉机替换了发动机、底盘和驾驶室,而需增加悬挂架和传动轴。

图 2-2 为割台结构图,其由拨禾轮 1、壳体 2、切割器 3、伸缩扒指 4、螺旋推进器 5、大架 6、升降液压缸 7、张紧带轮 8、带 9、链轮 10、链条 11、带轮 12 和割台升降液压缸 13 等组成。

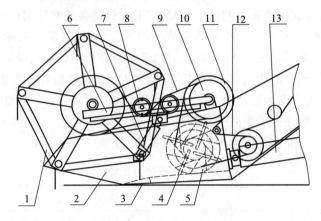

1—拨禾轮;2—壳体;3—切割器;4—伸缩扒指;5—螺旋推进器;6—大架;7—升降液压缸;
8—张紧带轮;9—带;10—链轮;11—链条;12—带轮;13—割台升降液压缸

图 2-2　割台结构图

联合收割机动力系统失效形式以柴油发动机失效为主,而柴油机的主要损伤形式为曲轴磨损、活塞环磨损、气门顶杆磨损、缸体磨损。联合收割机传动系统的失效形式主要包括传动轴、销、联轴器断裂,变速箱齿轮轮齿破坏,传动轴磨损,链轮轮齿破坏。联合收割机液压系统由液压缸、液压泵、液压马达组成,其主要损伤形式为液压缸杠杆表面磕伤、磨损,齿轮泵侧板磨损。联合收割机的机架和壳体的主要损伤形式为结构变形、腐蚀和开焊。联合收割机电气系统的主要损伤形式为线束老化、系统功能特性落后。其中,割台涉及传动系统以及机架和壳体,故其失效形式多为磨损和变形(表 2-12)。

表 2-12　割台失效形式

零件名称	拨禾轮	切割器	伸缩扒指	螺旋推进器	大架	升降液压缸	张紧带轮	带	链轮	链条	割台升降液压缸	带轮	壳体
失效形式	磨损、弯曲、变形	磨损	磨损	磨损、变形	变形、开裂	磨损、密封件损坏	磨损	磨损	磨损、疲劳断层、断齿	断裂、磨损	磨损、密封件损坏	断裂	磨损、腐蚀

2.4.2　割台再制造性评价

通过对割台进行技术性评价、经济性评价、环境性评价和资源性评价,然后根据公式(2-1)计算出割台的再制造性评价指数。

(1)技术性评价指数

对割台进行再制造的技术性评价,就是对割台的再制造加工过程及工艺进行定量分析。对割台而言,其理想零件的判断准则及结果见表 2-13。其他有关的数据及结果见表 2-14。零件数、理想零件数、替换零件数等数据见表 2-15。

表 2-13   理想零件的判断准则及其结果

零件序号	零件名称	零件数	有较大的相对运动	便于装配	磨损	理想零件数
1	拨禾轮	1	Y	Y	N	1
2	切割器	1	Y	N	N	1
3	伸缩扒指	10	Y	N	N	10
4	螺旋推进器	1	Y	Y	N	1
5	大架	1	N	N	N	0
6	升降液压缸	2	N	Y	N	2
7	张紧带轮	2	N	N	N	2
8	带轮	1	N	N	N	1
9	链轮	4	Y	N	N	4
10	链条	1	Y	Y	N	1
11	割台升降液压缸	1	Y	N	N	1
12	带	1	N	N	N	0
13	壳体	1	N	Y	N	1

表 2-14   有关数据和结果

零件序号	零件名称	零件数	关键零件数	关键零件替换数	修复零件数	理想检查零件数	拆卸时间/min	装配时间/min	清洗代码	清洗分	保养零件数
1	拨禾轮	1	1	0	0	0	7	7	A	1	1
2	切割器	1	1	0	1	1	10	10	–	–	0
3	伸缩扒指	10	0	0	0	0	3	3	A	1	5
4	螺旋推进器	1	1	0	1	1	20	20	B	1	0
5	大架	1	0	0	1	1	5	5	C	3	0
6	升降液压缸	2	1	0	1	1	8	10	D	6	0
7	张紧带轮	2	0	0	0	0	2	2	C	3	1
8	带轮	1	0	0	0	1	2	2	A	1	0
9	链轮	4	0	0	1	2	3	3	D	6	0
10	链条	1	0	0	0	0	1	1	B	1	1
11	割台升降液压缸	1	1	0	0	1	10	12	D	6	0
12	带	1	0	0	0	0	1	1.5	–	–	1
13	壳体	1	0	0	1	1	30	35	D	6	0

表 2-15　主 要 数 据

零件数 n	27	检测零件数 n_4	6
关键零件数 n_3	5	理想检查零件数 n_5	9
理想零件数 n_2	25	拆卸时间 t_2/min	102
被替换零件数 n_6	9	装配时间 t_3/min	111.5
关键零件替换数 n_1	0	检测时间 t_4/min	30
修复零件数 n_7	6	清洗分数 s_8	35

根据前述技术性评价指数计算公式,计算出该联合收割机割台的技术性评价指数如下:

替换指数:

$$\mu_1 = \left(1 - \frac{n_1}{n_3}\right) \times (1 - P_1) = (1 - 0) \times (1 - 0.01) = 0.99$$

拆卸指数:

$$\mu_2 = \frac{n_2 \times 3}{t_2} = \frac{25 \times 3}{102} \approx 0.74$$

再装配指数:

$$\mu_3 = \frac{n_2 \times 3}{t_3} = \frac{25 \times 3}{111.5} \approx 0.67$$

检测指数:

$$\mu_4 = \frac{n_4 \times 4.5}{t_4} = \frac{6 \times 4.5}{30} = 0.90$$

检查指数:

$$\mu_5 = \frac{n_5}{n - n_6} = \frac{9}{27 - 9} = 0.50$$

保养指数:

$$\mu_6 = \left(1 - \frac{n_6 - n_1}{n}\right) \times P_2 = \left(1 - \frac{9 - 0}{27}\right) \times 0.98 \approx 0.65$$

修复指数:

$$\mu_7 = \left(1 - \frac{n_7}{n}\right) \times P_3 = \left(1 - \frac{6}{27}\right) \times 0.99 \approx 0.77$$

清洗指数:

$$\mu_8 = \frac{n_8 \times 1}{s_8} = \frac{26.3 \times 1}{35} \approx 0.75$$

数据计算统计如下:

技术性评价指标	分类	度量项目	计算的指数	每个项目所占权重/%	综合1/%	权重/%	综合2/%
关键零件替换	关键零件替换	替换	0.99	100	0.99	100	0.99
其他再制造	零件连接	拆卸	0.74	30	0.69	30	0.75
		再装配	0.67	70			
	质量保证	检测	0.90	80	0.82	30	
		检查	0.50	20			
	损坏修复	保养	0.65	20	0.75	15	
		修复	0.77	80			
	清洗	清洗	0.75	100	0.75	25	

因此,最终割台的再制造性技术性评价指数 $\mu_T = 0.99 \times 0.01 + 0.75 \times 0.99 = 0.75$。

（2）经济性评价指数

利用前面的计算公式模型计算联合收割机割台再制造的费用。

1）查找资料得到废旧联合收割机割台的回收成本:

$$C_0 = 2\,000 \text{ 元}$$

2）计算初步处理费用 C_1。

① 拆卸时间平均为 102 min,单位工时工资按照 25 元/h 计算,所以拆卸费用:

$$C_{11} = (25 \times 102)/60 \text{ 元} = 42.5 \text{ 元}$$

② 检测时间平均为 30 min,检测费用按照 110 元/h 计算,检测费用:

$$C_{12} = (110 \times 30)/60 \text{ 元} = 55 \text{ 元}$$

③ 根据表格中统计的联合收割机割台零部件清洗的数据,在此粗略估计清洗费用:

$$C_{13} = 350 \text{ 元}$$

即初步处理费用为:

$$C_1 = (42.5 + 55 + 350) \text{ 元} = 447.5 \text{ 元}$$

3）计算整个产品中各部分零部件再制造处理的总费用 C_2。

① 产品中保养后可直接使用的零件数为 $n_6 = 9$,这些零件经过保养后可直接使用,不需要再制造。保养后所得到的零件经过评估其价值为 3 000~3 400 元,此处取最低价值 $R_v = 3\,000$ 元。保养费一般不得高于零件价值的 60%,此处取最高值 60%。

$$C_{21} = 3\,000 \times 60\% \text{ 元} = 1\,800 \text{ 元}$$

② 可进行再制造修复零件数 $n_7 = 6$,按照实际行情进行评定,再制造修复费用总计为 $C_{22} = 540$ 元。

③ 不可进行再制造的零件数为 2,对这些零件进行处理的总费用为 C_{23},包括直接进行材料回收的费用 C_{231}、对材料进行降阶使用的费用 C_{232} 和垃圾处理费用 C_{233} 三项。这里仅考虑垃圾处理费用。垃圾的总质量约为 40 kg,总体估计回收成本为 6.68 元（按照垃圾处理费用 167 元/吨

标准计算）。

整个产品中各部分零部件处理的总费用为：

$$C_2 = (1\ 800 + 540 + 6.68)\ 元 = 2\ 346.68\ 元$$

4）查找资料后进行保守估计，再制造产品的新增零件和再装配费用 $C_3 = 3\ 000$ 元。

5）此处只针对此联合收割机的割台进行再制造评定，新产品与再制造产品销售、运输等费用可以认为基本等同，从而忽略不计，即 $C_4 = 0$ 元。

6）本联合收割机割台废弃品主要为废旧钢铁（忽略可降阶使用的材料的收益价值），约为 90 kg，废旧钢铁的回收价格（按照市价）为 2 200 元/吨。则回收收益为：

$$R = \frac{90 \times 2\ 200}{1\ 000}\ 元 = 198\ 元$$

综上可知，割台再制造的总费用为：

$$C_t = C_0 + C_1 + C_2 + C_3 + C_4 - R$$
$$= (2\ 000 + 447.5 + 2\ 346.68 + 3\ 000 + 0 - 198)\ 元 = 7\ 596.18\ 元$$

而新制造一件联合收割机割台的费用在 14 000 元以上，仅考虑制造成本取 $C'_t = 14\ 000$ 元，则有

$$D = C_t / C'_t = 7\ 596.18 / 14\ 000 \approx 0.54$$
$$\mu_E = 1.8 - 2D = 1.8 - 1.08 = 0.72$$

此处经济性评价指数 μ_E 为 0.72，说明再制造一台联合收割机割台同制造一台新的联合收割机割台相比，具有较好的可再制造经济效益。

（3）环境性评价指数

环境性评价指数即再制造过程对大气环境、水资源环境和土地部分的影响程度。针对联合收割机的割台再制造过程，只考虑了清洗的水污染和再制造修复过程中的大气污染两项环境影响，则 i 取 2，通过评定 $\mu_1 = 0.63$，$\mu_2 = 0.78$，联合收割机割台的再制造环境性评价指数为：

$$\mu_H = \frac{1}{i} \sum_{i=1}^{2} \mu_i = \frac{1}{2} \times (0.63 + 0.78) \approx 0.70$$

（4）资源性评价指数

资源性评价指数包含资源消耗和能源消耗两个方面。在此资源消耗系数取 $R_z = 1$。根据钢铁回炉再制造对能源的消耗，以及水、电、冶金焦的对应数值可取能源消耗系数 $R_n = 0.6$，由此可得：

$$\mu_Z = R_z R_n = 1 \times 0.6 = 0.60$$

（5）再制造性综合评价指数

根据式（2-1）及表 2-11 中的权重值，求得联合收割机割台的再制造性综合评价指数为：

$$\mu = \sum_{i=1}^{4} w_i \mu_i = 0.32 \times 0.75 + 0.49 \times 0.72 + 0.09 \times 0.7 + 0.10 \times 0.60 \approx 0.72$$

联合收割机割台的再制造性综合评价指数为 0.72，根据表 2-1 可知该割台可以进行再制造。

思考题与练习

2-1 简述狭义再制造性、广义再制造性、设计再制造性和实际再制造性的含义。

2-2 农机装备再制造性评价模型主要考虑了哪些方面的因素？

2-3 废旧拖拉机、收割机以及旋耕机的各评价指数见下表，试计算它们的再制造性综合评价指数并判断它们是否可以进行再制造。

装备	资源性评价指数	环境性评价指数	经济性评价指数	技术性评价指数
废旧拖拉机	0.2	0.7	0.5	0.6
废旧收割机	0.1	0.6	0.4	0.3
废旧旋耕机	0.4	0.3	0.1	0.9

2-4 试比较农机装备再制造性评价的4个指标对农机装备再制造性的影响。

2-5 技术性评价指标中有多少个评价指数？阐述它们的定义及计算公式。

2-6 在技术性评价中，已知指数1的值为0.3，指数2的值为0.8，试计算此技术性评价的指数。

2-7 根据下表的数据，试计算技术性评价指数。

度量项目	拆卸	再装配	检测	检查	保养	修复	清洗
指数	0.74	0.67	0.90	0.50	0.65	0.77	0.75

2-8 试分析经济性评价指数与再制造经济利润值之间的关系。

2-9 在资源性评价指标中，假设资源消耗系数 $R_z=1$，能源消耗系数 $R_n=0.6$，试计算资源性评价指数。

2-10 试阐述文中污染物的分类并简述它们的危害。

2-11 简述权重的含义。有哪几种确定评价指标权重的方法？

2-12 根据计算出的指标权重值，可以看出环境性评价指标和资源性评价指标所占的权重最小，在计算综合性评价指数时是否可以忽略这两个指标？为什么？

2-13 根据割台的失效形式，选取联合收割机2至3种其他零部件，对其失效形式进行分析。

2-14 简要说明联合收割机割台再制造性评价的一般流程。

2-15 题图2-15是某厂生产的自走式联合收割机结构图，试选取其中2至3个零部件进行再制造性评价。

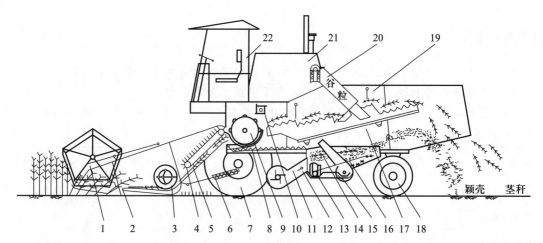

1—拨禾轮;2—切割器;3—割台螺旋推进器和伸缩扒指;4—输送链耙;5—倾斜输送器(过桥);
6—割台升降液压缸;7—驱动轮;8—凹板;9—滚筒;10—逐稿轮;11—阶状输送器(抖动板);12—风扇;
13—谷粒螺旋和谷粒升运器;14—上筛;15—杂余螺旋和复脱器;16—下筛;17—逐稿器;18—转向器;
19—挡帘;20—卸粮管;21—发动机;22—驾驶台

题图 2-15 自走式联合收割机结构图

第3章　农机装备再制造前处理技术

在农机装备再制造加工之前,要对农机装备进行拆解、对拟再制造零件进行清洗和对再制造毛坯进行检测,这三个环节所涉及的技术统称为再制造前处理技术。其中,拆解就是对农机装备进行拆分并分类,以便于将整个农机装备拆解成易加工的零件;清洗就是对拟再制造加工的零件进行清洁,为后续的检测以及加工做好准备;检测的主要目的是了解待再制造零件的失效形式,从而制定相应的加工方案。再制造前处理技术,对于保证再制造产品质量、降低再制造成本、提高再制造环保效益等具有重要意义。

3.1　农机装备再制造拆解技术

农机装备再制造拆解技术,是指对废旧农机装备的拆解工艺过程中所用到的全部工艺与方法的统称。

3.1.1　农机装备再制造拆解技术概述

1. 再制造拆解的基本概念

再制造拆解,是指将废旧农机装备及其部件有规律地按顺序分解成零件,并保证在拆解过程中最大程度地预防零件性能进一步损坏的过程。再制造拆解是实现高效回收策略的重要手段,是再制造过程中的重要工序,也是保证再制造产品质量及实现资源再制造利用最大化的关键步骤。废旧的农机装备只有拆解后才能实现完全材料的回收,并且有可能实现部分零件的再利用和再制造。科学的再制造拆解工艺,能够有效保证再制造零件质量性能、几何精度,并显著减少再制造周期,降低再制造费用,提高再制造产品质量。再制造拆解作为实现有效再制造的重要手段,不仅有助于零件的重新利用和再制造,而且有助于材料再生利用,实现农业机械产品的高品质回收。

2. 再制造拆解的分类

在拆解之前要进行拆解分类,针对不同的农机装备采用不同的拆解类型和工艺。废旧农机装备再制造需要对其零件进行完全拆解,但如果再制造任务由多个部门承担,也可以根据不同部门承担的零件再制造内容的不同采取部分拆解或目标拆解。

农机装备再制造拆解可按不同方式进行分类。

（1）按拆解目的分类

按拆解目的,可将再制造拆解分为破坏性拆解和非破坏性拆解。再制造拆解的基本要求是尽量采用非破坏性拆解,以便最大化回收废旧产品附加值,节省拆解成本。

破坏性拆解,是指在进行产品拆解时,对拆解的一个或多个零件产生了损伤,导致零件不能自动恢复原状。破坏性拆解过程是不可逆的,要根据再制造决策以及零件的具体状况来实施破坏性拆解。比如,农机装备的工作环境恶劣,螺钉往往会产生锈蚀,但是与螺钉相配合的零件的价值要远远高于螺钉,如果采用专用工具和工艺进行拆解往往会扩大拆解成本。在这种情况下要想对其进行拆解就必须使用破坏性方式进行,保留完好的螺钉配合零件。另外,在维修之后的焊接件,在必要时也只能采用破坏性拆解方式。

非破坏性拆解是指在产品进行拆解时,所有零件都没有被损伤。实施非破坏性拆解方式,其过程是可逆的。在一般情况下,再制造拆解时使用较多的是非破坏性拆解方式。非破坏性拆解可以使零件在再制造过程中得到重新利用,降低再制造生产成本。

（2）按拆解程度分类

按拆解程度不同,可将再制造拆解分为完全拆解、部分拆解和目标拆解。

完全拆解,是指将整个产品拆解成一个单独的零件单元为止,例如悬挂犁、旋耕机可以被拆解成其他最小零件单元。在再制造拆解时,对所有能够重新利用的零件都要求实现完全拆解,对不可用或不在本级进行再制造的零件,则可不进行拆解。

部分拆解,是指考虑经济、技术等因素,在拆解产品到某个零件时,其余零件所具有的回收价值已经小于这些零件的拆解和清洗费用,或者该零件不在本单位进行再制造,则对该零件就没有进一步进行拆解的必要,此时终止拆解。这种只将废旧产品中的部分零件进行拆解的方式称为部分拆解,在实际应用中比较广泛。

目标拆解,是指在对产品进行拆解时,一般先根据回收决策确定产品中各个零件的回收级别和策略,即进行直接再制造重新利用或材料再循环或环保处理等,从而可以确定需要拆解的零件,再对它们进行拆解。目标拆解方式由于考虑了经济、环境、技术等因素,是再制造过程中主要采用的方式。

（3）按拆解方式分类

按拆解方式来分,可将再制造拆解分为顺序拆解和并行拆解。顺序拆解是指产品拆解时,每次只拆解一个零件;并行拆解是指产品拆解时,每次可以拆解几个零件,这样可以提高拆解效率,降低拆解成本。

3. 再制造拆解的要求

再制造拆解是按照一定步骤进行的,而且通常要在不同的再制造生产职能部门将废旧产品完全解体,拆解出所有的零件。但废旧农机装备拆解并不一定要完全拆解,正如上文所说要根据经济性评价来确定,即拆解费用要少于获得的零件的再利用价值。如果拆解费用高于获得的零件的再利用价值,则可以采取整件更换的方式再制造,或者进行破坏性拆解,只保留相对高附加值的核心件。因此,再制造拆解过程牵涉到拆解的经济性评价问题及农机装备零件的可再制造性问题。再制造拆解的经济性是由诸多因素决定的。比如,随着拆解步骤的增加,获得的零件数在提高,可再制造的零件在增多,由此带来拆解回收利润增加。然而,难以分离的零件拆解的难度较高,回收的利润也相应较低,这时拆解的经济性就较差。因而,要对拆解所带来的回收利润与拆解成本进行比较,当拆解的经济性逐渐降低时就应当停止拆解过程。

再制造拆解的目的是便于零件清洗、检查和再制造。由于废旧农机装备的构造各有其特点,零件在重量、结构、精度等各方面存在差异。因此,若拆解不当,将使零件受损,造成不必要的浪费,甚至无法再制造利用。为保证再制造质量,在再制造拆解前必须周密计划,对可能遇到的问题有所估计,做到有步骤地进行拆解。

3.1.2　农机装备再制造拆解工艺方法

1. 再制造拆解基本工艺方法

再制造过程中的零件拆解过程直接关系到产品的再制造质量,是再制造过程中非常重要的工艺步骤。再制造拆解工艺方法按拆解方式不同可分为击卸法、拉卸法、压卸法、温差法及破坏法。在拆解中应根据实际情况选用。

① 击卸法。击卸法是利用锤子或其他重物在敲击或撞击零件时产生的冲击能量将零件拆解分离。因为农机装备工作环境较差、零件尺寸较大,所以击卸法是拆解农机装备时最常用的一种方法,具有使用工具简单、操作灵活方便、不需特殊工具与设备、适用范围广等优点,但击卸法使用不正确时常会造成零件的损伤或破坏。击卸方式大致分为三类:一是用锤子击卸,由于拆解件各式各样,一般就地拆解为多,故使用锤子击卸十分普遍;二是利用零件自重冲击拆解,在某些场合可利用零件的自重冲击能量来拆解零件;三是利用其他重物冲击拆解,在拆解结合牢固的大、中型轴类零件时,往往采用重型撞锤。

② 拉卸法。拉卸法是使用专用顶拔器把零件拆解下来的一种静力拆解方法。它具有拆解件不受冲击力、拆解较安全、零件不易损坏等优点,但需要制作专用拉具。该方法适用于拆解精度要求较高、不许敲击或无法敲击的零件。

③ 压卸法。压卸法是利用手压机、液压压力机进行拆解的一种静力拆解方法,适用于拆解形状简单的过盈配合件。一般来说这种方法可比较顺利和容易地将零件拆解下来,只要加压的方向、着力点位置正确,再有良好的润滑条件即可实现。

④ 温差法。温差法是利用材料热胀冷缩的性能加热包容件,使配合件在温差条件下失去过盈量,从而实现拆解,常用于拆解尺寸较大的零件和热装的零件。例如液压压力机或千斤顶等设备中尺寸较大、配合过盈量较大、精度较高的配合件或无法用击卸、顶压等方法拆解的零件,可用温差法拆解。在实际应用中,加热一般不宜超过 100~120℃,以防止零件变形或影响原有的精度。有时,也将温差法和拉卸法组合起来进行拆解。

⑤ 破坏法。在拆解焊接、铆接等固定连接件时,或轴与套已互相咬死时,或为保存核心价值件而必须破坏低价值件时,可采用车、锯、錾、钻、割等方法进行破坏性拆解。这种拆解往往需要注意保证核心价值件或主体部位不受损坏,而对其附件则可采用破坏法拆离。

2. 农机装备典型配合件拆解方法

农机装备工作环境复杂、条件恶劣,其外部连接部件非常容易发生锈蚀现象而影响其正常使用。在农机装备拆解过程中经常遇到锈死螺栓、断头螺栓、不可拆连接件及静配合件等拆解问题,这些都给农机装备的拆解工作带来了不小的困难。

(1) 农机装备螺纹连接件的拆解

螺纹连接在农机装备上应用广泛,它具有结构简单、便于调节和可多次拆解装配等优点。虽然螺纹连接件拆解较容易,但有时会因重视不够或工具选用不当、拆解法不正确而造成损坏,应特别引起注意。在一般情况下进行拆解时,首先要认清螺纹旋向,然后尽量选用合适的扳手或螺钉旋具、双头螺栓专用扳手等,少用活扳手。拆解时用力要均匀,只有受力大的特殊螺纹件才允许用加长杆。下面列举了一些特殊情况下螺纹连接件的拆解方法。

① 断头螺钉的拆解。当断头螺钉在机体表面以上时,可在螺钉上钻孔,打入多角淬火钢

杆,再把螺钉拧出,如图 3-1a 所示;也可在断头上锯出沟槽,用一字螺钉旋具将其拧出;或用工具在断头上加工出扁头或方头,用扳手将其拧出;或在断头上加焊弯杆将其拧出;也可在断头上加焊螺母将其拧出,如图 3-1b 所示。当断头螺钉在机体表面以下时,可在断头端的中心钻孔,攻反向螺纹,拧入反向螺钉将其旋出,如图 3-1c 所示。

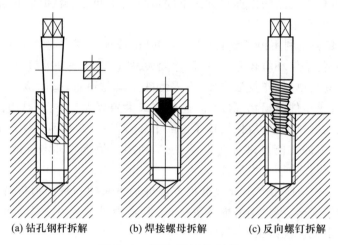

(a) 钻孔钢杆拆解　　　(b) 焊接螺母拆解　　　(c) 反向螺钉拆解

图 3-1　断头螺钉的拆解

② 打滑内六角螺钉的拆解。当内六角磨圆后出现打滑现象时,可将一个孔径比螺钉头外径稍小一点的六角螺母放在内六角螺钉上,将螺母和螺钉焊接成一体,用扳手拧螺母即可将螺钉拧出。

③ 锈死螺纹连接件的拆解。由于工况复杂、作业环境恶劣等问题,农机装备经常出现螺纹连接件锈死现象。可以采用煤油浸润,或者用布头浸上煤油包在螺纹连接件上,浸泡 2 min 左右,使煤油渗入连接处,一方面可以浸润铁锈,使其松软,另一方面可以起润滑作用,便于拆解。或用锤子敲击螺纹连接件,使连接处受到振动而自动松开少许,以便于拆解。另外也可尝试将螺纹连接件向拧紧方向拧动一下,再旋松,如此反复,逐步将其拧出。若上述方法均不可行,而零件又允许,可快速加热包容件,使其膨胀,软化锈层将其拧出。还可用錾、锯、钻等方法破坏螺纹连接件。

④ 成组螺纹连接件的拆解。成组螺纹连接件的拆解顺序一般为先四周后中间,按对角线方向轮换。先将螺纹连接件拧松少许或半周,然后再顺序拧下,以免应力集中到最后的螺纹连接件上,损坏零件或使结合件变形,导致难以拆解。

（2）键连接的拆解

① 平键连接的拆解。轴与轮毂的配合常采用过渡配合或间隙配合。拆去轮毂后,键一般保留在轴上。如果键的工作面良好且不需更换,可不必拆解;如果键已经损坏,可用扁錾将键錾出,当键松动时,可用尖嘴钳拔出。平键上一般都有专门供拆解用的螺纹孔,可用适合的螺钉旋入孔中,顶住键槽底面,把键顶出。当键在槽中配合很紧而又必须拆出且需要保存完好时,可在键上钻孔、攻螺纹,然后用螺钉将其顶出。

② 楔键连接的拆解。楔键的上下面均为工作面,装入后会使轴产生偏心,因此在精密装配

中很少采用。拆解楔键时,必须注意拆解方向,一般用冲子从键较薄的一端将其向外冲出。如果楔键带有钩头,可用钩子将其拉出;如果没有钩头,可在端面加工螺纹孔,拧上螺钉将键拉出。

(3)轴类零件的拆解

拆解轴类零件时,首先应了解轴的阶梯方向,再根据轴的阶梯方向决定轴拆解时的移出方向。拆出轴两端轴承盖和轴上的定位零件,如紧定螺钉、弹性挡圈及保险弹簧等零件。松开装在轴上且不能穿过轴承孔的零件如齿轮、套等,并注意轴上的键是否能随轴通过各孔。用手锤击打轴端,拆解轴,也可在轴端加保护垫块后再将轴击卸下来。

(4)销连接的拆解

拆解销时可用冲子冲出(冲锥销时需冲小头)。冲子的直径要比销直径稍小,打冲时要猛而有力。当销弯曲冲不出来时,可用钻头将其钻掉,所用钻头的直径应比销直径稍小,以免钻伤孔壁。在拆去被圆柱定位销定位的零件后,销常保留在本体上,必须拆下时,可用尖嘴钳拔出。

(5)静配合件的拆解

农机装备中常常会出现一些静配合件,在拆卸静配合件时需要注意以下几点。拆解时,应注意不要损坏原有配合连接面以及原有配合关系,进行拆解作业时应选择合适的工具。在没有专用工具的情况下,需在零件表面包裹或垫以材质较软的物品,以防止损伤零件。对静配合件进行拆解时,应注意依据不同的过盈量选择不同的专用工具。当过盈量不大时,可选用结构相对简单的拉出器,或采用铜锤轻轻敲击的方式进行拆卸;当过盈量较大时,可通过加热包容件法进行拆卸。对静配合件进行拆解时,应注意全面检查被拆设备上是否有卡簧、销、螺钉等固定措施,若有应先将其拆解,以免损坏过盈配合件。对静配合件进行拆解时,应注意选择恰当的受力位置,施加外力时要均匀,外部作用力的合力应作用于零件中轴线上,以免损坏零件。

3.1.3 农机装备再制造拆解过程

图 3-2 为常用耕作机械悬挂犁的结构示意图。悬挂犁通过悬挂架与拖拉机的三点悬挂机构链接,靠拖拉机的动力来实现工作。下面以悬挂犁为例介绍农机装备再制造的拆解过程。

农机装备再制造的拆解过程一般包括了解拆解对象结构、分析计算拆解成本和对零件进行再制造性评价等。

首先必须了解拆解对象结构。从图 3-2 中可以看出,悬挂犁由犁架 1、中央支杆(撑杆)2、右支杆 3、左支杆 4、悬挂架 5、限深轮 6、犁刀 7 和犁体 8 组成,主要工作部件有犁体和犁刀。犁体是铧式犁的主要工作部件之一,一般由犁铧 1、犁壁 2、犁侧板 6、犁柱 4 及犁托 7 等组成,如图 3-3 所示。犁铧主要是起入土、切土作用,常用的三种犁铧形式如图 3-4 所示。犁壁和犁铧构成

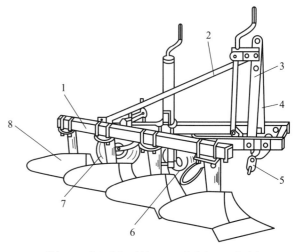

1—犁架;2—中央支杆(撑杆);3—右支杆;4—左支杆;
5—悬挂架;6—限深轮;7—犁刀;8—犁体

图 3-2   悬挂犁结构示意图

犁体曲面,有整体式、组合式和栅条式犁壁。犁侧板位于犁铧的后上方,犁托将犁铧、犁壁、犁侧板、犁柱连成一体,犁柱用来将犁体固定在犁架上,并将动力传给犁体。犁刀通常安装在最后一个主犁体和小前犁的前方,用来切开土壤。犁刀也为一个部件,在拆解时要先把整个犁刀拆下,再对犁刀进行拆解。

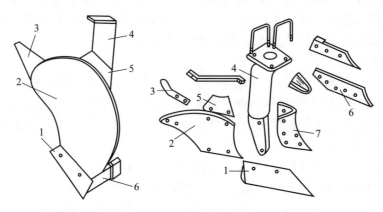

1—犁铧;2—犁壁;3—延长板;4—犁柱;5—滑草板;6—犁侧板;7—犁托

图 3-3　犁体

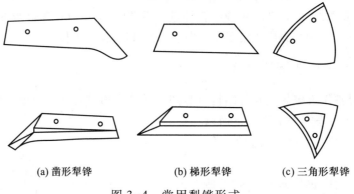

(a) 凿形犁铧　　　　(b) 梯形犁铧　　　　(c) 三角形犁铧

图 3-4　常用犁铧形式

其次,需分析计算拆解成本。在此环节要计算并记录拆解指定零件所需要的成本,即拆解过程中的拆解时间、拆解费用,以便于制定后续的拆解计划。拆解时间是指完成拆解作业所耗费的时间,可以分解成产品中单个零件拆解所需时间之和。对于非破坏性拆解来说,拆解操作的内容主要是解除约束待拆零件的连接关系,其中包含解除连接的操作和辅助操作(如更换工具),相应地可以将对应的拆解时间分成基本拆解时间和辅助时间两部分。基本拆解时间是指解除连接所用的时间之和,狭义上就是将连接件拆下,并移出一段距离的时间,该距离应该使待拆零件具有足够的自由度。产品拆解是一个连续的过程,在此过程中基本拆解时间以外的时间都属于辅助时间。这部分时间包括持送工具、定位夹持、更换工具、安置拆下零件等操作所对应的时间。拆解时间的长短能够反映产品可拆解性的好坏。从完全拆解的角度来说,哪组拆解序列对应的拆解时间短,那么该序列对应的拆解方式就更合理。从成本的角度来说,拆解时间短的序列也意味着拆解成本的良好控制,所以一般在产品维修或回收时,都会严格控制拆解时间。拆解费用是指与拆解有关的费用,包括人力费用、工具费用、能源费用等。由于产品结构的复杂性,不同的拆解序列不仅拆解难度不同,使用的工具和耗费的能源也不同,因此拆解费用也不同。人力费用实际上就是人力工资。工具费用包括所需的工具、夹具及夹具送进装置的费用,需要根据工具的具体销售价格和使用寿命确定。能源费用常常与工具费用紧密相关,但主要指支付电能、化学能等类型能源的费用。拆解费用是评价拆解序列的重要指标,其组成非常复杂。因此,拆解成本与拆解获利的比值越低,拆解回收的价值就越高。

最后,需对零件进行再制造性评价。废旧悬挂犁经再制造拆解后的零件,按照上文的拆解要求及规则对其进行拆解后,一般可分为三类:① 可直接利用的零件(经过清洗检测后不需要再制造加工可直接在再制造装配中应用),例如悬挂犁的撑杆(图3-2中零件2)和各种调节器手柄;② 可再制造的零件(可通过再制造加工后达到再制造装配质量标准),例如悬挂犁的犁刀和犁体(图3-2中零件7、8);③ 报废件(无法直接再利用和进行再制造,需要进行材料再循环处理或者其他无害化处理),对于这一部分零件,因为无法再利用,所以在拆解时如果为了节省拆解成本会选择破坏性拆解方式。然后,采用上一章节的农机装备再制造性评价技术,逐一对类别② 的零件进行再制造性评价,充分考虑再制造成本与再制造性,进而制定最优的拆解计划。

3.1.4　农机装备再制造拆解技术发展

随着农机装备再制造技术的发展,再制造拆解技术也得到了迅速发展,主要包括再制造自动化拆解技术、再制造拆解设计技术、虚拟再制造拆解技术和清洁再制造拆解技术等。

1. 再制造自动化拆解技术

目前再制造拆解还主要是借助工具及设备进行的手工拆解作业,是再制造过程中劳动密集型工序,存在拆解效率低、费用高、周期长、零件质量对工人技术要求高等问题,影响了再制造的自动化生产程度。国外已经开发了部分自动拆解设备。比如,德国一直在研究废电路板的自动拆解方法,采用与电路板自动装配方式相反的原则进行拆解,先将废电路板放入加热的液体中使焊剂熔化,再根据构件的形状用一种机械装置分检出可用的构件。因此,需要根据不同的对象,利用机器人等自动化技术开发高效的再制造自动化拆解技术及设备,建立比较完善的废旧产品自动化再制造拆解工作站。

2. 再制造拆解设计技术

在产品设计过程中加强再制造拆解性设计,能够显著提高废旧产品再制造时的拆解能力,提高其可再制造性。因此,要加强产品设计过程中的再制造拆解设计技术研究,提高废旧产品的可拆装性。例如,再制造的拆解要求能够尽可能保证产品零件的完整性,并要求减少产品接头的数量和类型,减少产品的拆解深度,避免使用永固性的接头,考虑接头的拆解时间和效率等。但在产品中使用卡式接头、模块化零件、插入式接头等虽有利于拆解,但也容易造成拆解对零件的损坏,增加再制造费用。因此,在进行易于拆解的产品设计时,要对产品的再制造性影响进行综合考虑。

3. 虚拟再制造拆解技术

虚拟再制造拆解技术是虚拟再制造的重要内容,是实际再制造拆解过程在计算机上的本质实现,指采用计算机仿真与虚拟现实技术实现再制造产品的虚拟拆解,为现实的再制造拆解提供可靠的拆解序列指导。虚拟再制造拆解技术的实现,需要研究建立虚拟环境及虚拟再制造拆解中的人机协同求解模型,建立基于真实动感的典型再制造产品的虚拟拆解仿真,并且研究数学方法和物理方法相互融合的虚拟拆解技术,实现对再制造拆解中的几何度量、机械参量和物理参数的动态模型拆解。

4. 清洁再制造拆解技术

在传统的拆解过程中,拆解过程的不精确会导致拆装工作效率低、能耗高、费用高、污染大。因此,需要研究选用清洁生产理念及技术,制订清洁再制造拆解生产方案,实现清洁再制造拆解过程中的"节能、降耗、减污,增效"的目标。清洁再制造拆解方案的制订,需要研究拆解管理与生产过程控制技术,加强工艺革新和技术改进,实现最佳清洁再制造拆解程序,提高自动化拆解水平;研究在不同再制造方式下,废旧产品的拆解序列、拆解模型的生成及智能控制,形成精确化拆解方案,减少拆解过程中的环境污染和能源消耗,加强拆解过程中的物料循环利用。

3.2　农机装备再制造清洗技术

对拆解后的农机装备零件进行清洗是再制造过程中的另一重要工序。它是检测零件尺寸精度、几何精度、表面粗糙度值、表面性能、磨蚀磨损及黏着情况等失效形式的前提,是零件进行再制造的基础。

3.2.1　农机装备再制造清洗概述

再制造清洗,是指借助于清洗设备将清洗液作用于需再制造的农机装备零件表面,采用机械、物理、化学或电化学方法,去除农机装备零件表面附着的油脂、锈蚀、泥垢、水垢等污物,并使废旧零件表面达到所要求清洁度的过程。产品清洁度是再制造产品的一项主要质量指标。清洁度不良,不但会影响零件再制造加工,而且还会造成产品性能下降,容易出现过度磨损、精度下降、寿命缩短等现象。与拆解过程一样,清洗过程需要结合零件自身的情况(形状、材料、类别、损坏情况)来选择不同的清洗技术和方法。

1. 再制造清洗的基本要素

再制造清洗需要考虑四个要素:清洗对象、零件污垢、清洗介质及清洗力。其中,清洗对象在农机装备再制造过程中指的是各种机械零件;在农机装备再制造过程中,零件污垢一般为油污、泥垢、锈迹等;清洗介质一般指的就是清洗媒液;清洗力是在清洗对象、零件污垢和清洗介质三者之间存在的一种作用力,这种力能使污垢从清洗对象的表面清除,并将它们稳定地分散在清洗介质中,从而完成清洗过程。在不同的清洗过程中,起作用的清洗力也有所不同,大致可将清洗力分为以下 6 种:溶解分散力、表面活性力、化学反应力、吸附力、物理力、酶力。

2. 再制造清洗分类

再制造清洗分类的方法很多,下面列出目前主要的分类方法。① 按照再制造工艺过程,再制造清洗可分为拆解前清洗、拆解后清洗、再制造加工过程清洗、装配前清洗、喷漆前清洗等。② 按照清洗对象,再制造清洗可分为零件清洗、部件清洗和总成清洗。③ 按照表面污染物类型,再制造清洗可分为油污清洗、积炭清洗、水垢清洗、涂装物清洗、杂质清洗、锈蚀清洗和其他污染物清洗。④ 按照清洗技术原理,再制造清洗可分为物理清洗、化学清洗和电化学清洗。⑥ 按照清洗手段,再制造清洗可分为热能清洗、溶液清洗、超声清洗、振动研磨清洗、抛丸清洗、喷砂清洗、高温清洗、干冰清洗和高压清洗等。

3. 再制造清洗要求

再制造清洗一般包括拆解前清洗、拆解后清洗、装配前清洗和喷漆前清洗等几个阶段。

① 拆解前清洗

拆解前清洗主要是指拆解前对回收的农机装备零件的外部进行清洗,主要目的是除去农机装备外部积存的大量尘土、油污、泥沙等脏物,以便于拆解和初步的鉴定,并避免将尘土、油污等脏物带入厂房工序内部。外部清洗一般采用自来水或高压水冲洗,即用水管将自来水或压力为 $1 \sim 10MPa$ 的高压水流接到清洗部位冲洗油污,并用刮刀、刷子配合进行。对于密度较大的厚层污物来说,可在水中加入适量的化学清洗剂并提高喷射压力和水的温度。常用的外部清洗设备主要有单枪射流清洗机和多喷嘴射流清洗机。前者靠高压连续射流或汽水射流的冲刷作用或射流与清洗剂的化学作用相配合来清除污物;后者有门框移动式和隧道固定式两种,其喷嘴的安装位置和数量根据设备的用途不同而异。

② 拆解后清洗

拆解后清洗主要是指对拆解后零件表面的油污、锈垢、积炭等脏物进行清洁、监理和用清洗剂洗涤,以便于对零件进行质量性能检测和再制造加工。农机装备拆解后,由于零件表面存在较多的油污、锈蚀、泥垢等脏物,看不清零件表面磨损的痕迹和其他缺陷,无法对零件的各部分尺寸精度、几何精度作出正确判断,从而无法制订正确的零件再制造方案。因此,必须在农机装备拆解后对零件进行清理和洗涤。

③ 装配前清洗

装配前清洗是指再制造装配前,对经过再制造加工之后的零件表面的灰尘、油污和杂物等进行清洁。装配前清洗是直接保证再制造产品装配质量的重要环节。

④ 喷漆前清洗

喷漆前清洗是指对装配后需喷漆的再制造零件表面的油污、杂物等进行清洗、干燥,是保证再制造农机装备具备一定的漆层防护能力并获得美观外形的重要影响因素。

无论是哪个阶段的清洗,都需要注意以下事项:熟悉农机装备零件图样,了解农机装备的性能及结构;保持再制造清洗场地的清洁;洗涤及转运过程中,注意不要碰伤零件的已加工表面;洗涤后要注意使油路、通道等畅通无阻,不要掉入污物或沉积污物;准备好所需的清洗液及辅助用具;必须重视再用零件或新换件的清理,要清除零件在使用中或者加工中产生的毛刺,例如对滑移齿轮的圆倒角、孔轴滑动配合件的孔口,都必须清理掉上面的毛刺、毛边;零件清洗并且干燥后,必须涂上机油储存,防止零件生锈;清洗农机装备的各类箱体时,必须清除箱内残存磨屑、漆片、灰沙和油污等。

4. 再制造清洗内容

拆解后对农机装备零件的清洗主要包括清除尘垢、油污、锈蚀、积炭、油漆、无机镀层和有机涂层。

① 清除尘垢

清除尘垢常用的方法有压缩空气吹除法、手工去除法和工具清理法、高压水清洗法和磨料射流法等。对附着性不强的污垢,可利用压缩空气吹扫零件表面,将覆盖在零件上的尘土、铁屑等杂物吹扫干净,该方法即为压缩空气吹除法。手工去除法即使用尼龙刷、金属刷、刮刀、铁钩等工具,并配合使用棉织品、合成纤维品、白绸布等,用手工的方式将零件表面的尘垢擦拭干净。工具清理法则是将刷子、刮刀安装到电动工具上,依靠机械动力快速去除零件表面的污垢。高压水清洗法是依靠高压水枪、旋转式清洗机、通用式清洗机等设备产生的高速水流的冲击动能,将零件表面、死角、盲孔及内腔等各部位的污垢冲洗干净。磨料射流法是在水中混入磨料,形成固、液混合介质,将这种混合介质以高压的形式喷射到零件表面,高压水和磨料撞击污垢层后会将污垢层击碎,并将零件表面冲洗干净。

② 清除油污

凡是各种油料接触的零件在拆解后都要进行油污清除的工作,即除油。油可以分为两种:一种是可皂化的油,就是能与强碱起作用生成肥皂的油,如动物油、植物油;另一种是不可皂化的不能与强碱起作用的油,如各种矿物油、润滑油、凡士林和石蜡等。这两类油都不溶于水,但根据"物质结构相似者相溶"即物质在与其结构相似的溶剂中容易溶解的规则,这两类油可溶于有机溶剂。去除这些油类,主要采用化学方法和电化学方法。使用煤油、汽油、柴油等有机溶剂可以溶解各种油、脂,既不损坏零件,又没有特殊要求,也不需要特殊设备,清洗成本低,操作简易。对有特殊要求的贵重仪表、光学零件还可用酒精、丙酮、乙醚、苯等其他有机溶剂清洗。另外可用合成清洗剂代替传统的清洗剂,通过浸洗或喷洗对零件进行脱脂。还可以在单一的碱溶液中加入乳化剂后对零件进行浸洗或喷洗。清洗方式有人工方式和机械方式,包括擦洗、煮洗、喷洗、振动清洗和超声清洗等。

③ 清除锈蚀

锈蚀是农机装备金属表面与空气中氧、水分子以及酸类物质接触而生成的氧化物。除锈的方法有机械法、化学法和电解法三类。机械法除锈主要用于钢表面的锈蚀,常用刮刀、砂布或电动砂轮等工具,利用机械摩擦、切削等作用清除零件表面锈蚀,常用的方法有刷、磨、抛光、喷砂等。化学法除锈是用酸或碱溶液对金属制品进行强浸蚀处理,使制品表面的锈层通过化学作用和浸蚀过程产生氢气泡的机械剥离作用而被除去,常用的酸包括盐酸、硫酸、磷酸等。电解法除锈是在酸或碱溶液中对金属制品进行阴极或阳极处理从而除去锈层。阳极除锈是利用化学溶解、电化学溶解和电极反应析出的氢气泡的机械剥落作用除去锈层。阴极除锈是利用化学溶解和阴极析出氢气泡的机械剥离作用除去锈层。在化学除锈的溶液内通以电流可加大除锈速度,减少基本金属腐蚀程度及化学溶液的消耗量。

④ 清除积炭

积炭是燃料和润滑油在燃烧过程中不充分燃烧,并在高温作用下形成的一种由胶质、润滑油和炭质等组成的复杂混合物。如发动机中的积炭大部分积聚在气门、活塞、气缸盖上,这些积炭会影响发动机某些零件的散热效果,恶化传热条件,影响其燃烧性,甚至导致零件过热,形成裂纹。因此,在此类零件再制造过程中,必须将其表面积炭清除干净。积炭的成分与发动机结构、零件部位、燃油及润滑油种类、工作条件以及工作时间长短等有关。清除积炭目前常使用前述机械法、化学法和电解法等。

⑤ 清除油漆

拆解后需要将零件表面的原保护漆层全部清除掉,并经冲洗干净后重新喷漆。可先借助已配制好的有机溶剂、碱性溶液等作为退漆剂涂刷在零件的漆层上,使之溶解软化,再用手工工具去除漆层。粗加工面的旧漆层可用铲刮的方法来清除,精加工表面的旧漆层可采用布头蘸汽油或香蕉水用力摩擦来清除,对高低不平的加工面上的旧漆层(如齿轮加工面)可采用钢丝刷或钢丝绳头刷清除。

3.2.2 农机装备再制造清洗技术

下面按照清洗技术原理,即把再制造清洗技术分为物理清洗技术、化学清洗技术和电化学清洗技术来介绍再制造清洗技术。此外,将近年来新发展起来的一些清洗技术归为先进清洗技术进行介绍。

1. 物理清洗技术

物理清洗技术,一般包括浸液清洗技术、压力清洗技术和摩擦与研磨清洗技术等。

① 浸液清洗技术。浸液清洗技术一般可分为浸泡清洗技术和流液清洗技术。其中,浸泡清洗技术是将清洗对象放在清洗液中浸泡、湿润而洗净的湿式清洗技术。在浸泡清洗系统中,清洗和冲洗分别在不同的洗槽中进行,分多次进行浸泡清洗可以得到清洁度很高的表面。浸泡清洗具有清洗效果好的特点,特别适用于对数量多的小型清洗对象进行清洗。采用流液清洗技术清洗时,除了可以把零部件置于清洗液中进行静态处理外,有时为提高污垢解离、乳化、分散的效率,还可让清洗液在清洗对象表面流动。清洗液在清洗对象表面有三种流动方向:与清洗对象表面平行;与清洗对象表面垂直;与清洗对象表面成一定角度。实践表明,清洗液流动方向与清洗对象表面成一定角度时污垢被解离的效果最好,是流液清洗中常用的方法。由于零部件通常是多面体等复杂形状形体,这时需用搅拌的方法使洗液形成紊流以提高清洗效果。

② 压力清洗技术。使用压力是清洗中常用的手段,应用各种方式的压力如高压、中压以及负压、真空等,都能产生很好的清洗力。压力清洗技术又可分为喷射清洗、利用持续性泡沫的喷射清洗和高压水射流清洗。高压水射流清洗是使用高压泵打出高压水,并经过一定管路到达喷嘴,再把高压力、低流速的水转换为高压力、高流速的射流,然后射流以其很高的冲击动能连续不断地作用在被清洗表面,从而使垢物脱落,最终实现清洗目的。用液体射流进行清洗时,根据射流压力的大小分为低压、中压和高压三种。低压和中压射流清洗借助清洗液的洗涤与水流冲刷的双重去污作用达到清洗目的。高压水射流清洗是以水力冲击的清洗作用为主,清洗液所起溶解去污的作用很小。高压水射流清洗不污染环境、不腐蚀清洗对象基质,高效节能,在很多场合可用来代替传统人工机械清洗和化学清洗。

③ 摩擦与研磨清洗技术。摩擦与研磨清洗技术一般包括摩擦清洗技术、研磨清洗技术和磨料喷砂清洗技术三种。

摩擦清洗技术。对于一些不易去除的污垢来说,使用摩擦力往往能取得较好的效果。如在废旧产品自动清洗装置中,向表面喷射清洗液的同时,可以使用合成纤维材料做成的旋转刷子帮助擦拭产品的表面;喷射清洗液清洗各类产品、大型设备或机器表面时,配合用刷子擦洗往往能取得更好的清洗效果;当用各种清洗液浸泡清洗金属或玻璃材料之后,有些洗液不易去除的污垢顽渍,可配合用刷子擦洗去除干净。在此过程中,需要保持工具(如刷子)的清洁,防止对清洗对象的再次污染。另外,当清洗对象是不良导体时,应注意消除摩擦力给清洗对象表面带上的静电,防止吸附污垢和静电火灾。

研磨清洗技术。研磨清洗是指用机械作用力去除表面污垢。研磨清洗使用的方法包括使用研磨粉、砂轮、砂纸以及其他工具对含污垢的清洗对象表面进行研磨、抛光等。研磨清洗的作用力比摩擦清洗作用力大得多。操作方法主要有手工研磨和机械研磨。

磨料喷砂清洗技术。磨料喷砂清洗是把干的或悬浮于液体中的磨料定向喷射到零件或产品表面的清洗方法。磨料喷砂清洗是清洗领域内广泛应用的方法之一，可应用于清除金属表面的锈层、氧化皮、干燥污物、型砂和涂料等污垢。

2. 化学清洗技术

利用化学药剂与污垢发生化学反应，使污垢从清洗物体表面解离并溶解分散到水中的清洗技术称化学清洗技术。它是借助清洗剂对物体表面污染物或覆盖层进行化学转化、溶解、剥离以达到清洗目的的。化学清洗过程一般分为水冲洗、碱煮、酸洗、水冲洗、钝化等几个步骤，根据污垢的不同可以适当调整，其中酸洗是化学清洗的核心过程。

① 化学清洗液

化学清洗液包括溶剂、表面活性剂和化学清洗剂。

溶剂包括水、有机溶剂和混合溶剂。水是清洗过程中使用最广泛、用量最大的溶剂或介质。有机溶剂的特点是对油污的溶解速度快，除油效率高，对高聚物的溶解、溶胀作用强，但对无机类污垢基本无溶解作用。有机溶剂常用的有煤油、柴油、汽油、酒精、丙酮、乙醚、苯、四氯化碳等，其中汽油、酒精、乙醚、苯、四氯化碳去污及脱脂能力很强，清洗质量好、挥发快，适于清洗较精密的零件如仪表部件等。

表面活性剂又称界面活性剂，是能在两种物质的界面上聚集，且能显著改变（通常是降低）液体表面张力和两相间的界面性质的一类物质。表面活性剂的分子中同时存在亲水基和疏水基，使其具有在界面上吸附，以及在溶液中胶团化的作用，这是表面活性剂具有清除污垢作用的根本原因。表面活性剂除去污能力外，还有吸附、润湿、渗透、乳化、分散、起泡、增溶等性能。

化学清洗剂是指化学清洗中所使用的化学药剂。常用的化学清洗剂有酸、碱、氧化剂、离子螯合剂、杀生剂等。为防止化学药剂与清洗对象发生反应，有时还要在化学清洗剂里加入金属缓蚀剂及钝化剂等。

② 酸清洗技术

酸是处理金属表面污垢最常用的化学药剂。清洗中常用的酸包括无机酸、有机酸两类。无机酸包括硫酸、盐酸、硝酸、磷酸等，有机酸常用的有氨基磺酸、乙醇酸（羟基乙酸）、柠檬酸、乙二胺四乙酸等。

③ 碱清洗技术

碱清洗技术是一种以碱性物质为主剂的化学清洗技术，比较古老，清洗成本低，被广泛应用。碱性清洗剂可以单独使用，也可以和其他清洗剂交替或混合使用。主要用于清除油脂类污垢，也可清除无机盐、金属氧化物、有机涂层和蛋白质类污垢等。用碱洗除锈、除垢等，比采用酸洗的清洗成本高，除锈、除垢的速度慢。但是，除对类金属的设备外，不会造成金属的严重腐蚀，不会引起工件尺寸的明显改变，不存在因清洗过程中析氢而对金属造成损伤，金属表面在清洗后与钝化前，也不会快速返锈。

④ 氧化剂清洗方法

某些难溶于水溶液的污垢可以在一定的条件下，用氧化性或还原性物质与之作用，使其分子组成、溶解特性、生物活性、颜色等发生转化,变成易于溶解与清除的物质。其中那些只有在高温熔融、强酸或强碱配合下才能发挥良好作用的氧化剂和还原剂被称为熔融剂。

3. 电化学清洗技术

采用电化学清洗技术的方法也很多,这里仅介绍电解清洗技术。电解是指在电流作用下,物质发生化学分解的过程。电解清洗是利用电解作用将金属表面的污垢去除的清洗技术。根据去除污垢种类不同,分电解脱脂和电解研磨去锈,如图3-5所示。

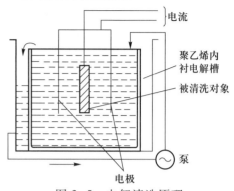

图 3-5 电解清洗原理

① 电解脱脂

用电解方法将农机装备零件表面的各类油脂污垢加以去除的过程称为电解脱脂。电解脱脂使用的主要装置是电解槽,其主要工作原理为:要清洗的金属零件与电解池的电极相连放入电解槽后电解时,金属零件表面会有细小的氢气或氧气产生,这些小气泡促使污垢从被清洗金属零件表面剥离下来。电解脱脂分为阴极脱脂和阳极脱脂。把被脱脂金属零件放在阴极称阴极脱脂,相反称阳极脱脂。电解过程中,阴极脱脂产生的氢气是阳极脱脂产生的氧气的两倍,效果更好。但钢铁材料进行阴极脱脂时产生的氢气会被铁吸收而造成氢脆,因此钢铁材料宜采用阳极脱脂。

电解脱脂时常使用氢氧化钠、碳酸钠等碱性水溶液(称为碱液)来增强去污作用,碱液对脂类油性污垢有乳化分散作用。有时要加入偏硅酸钠和少量表面活性剂,以利矿物油污垢的分散去除。偏硅酸钠还可明显改善金属铝的耐碱蚀性。当铝进行阳极脱脂时,在阳极金属铝表面析出无水硅胶覆盖膜,保护铝不被碱腐蚀。钢铁材料电解脱脂时常用氢氧化钠等强碱作电解质,并在高浓度碱液及高温下电解,而铜及其合金一般采用低浓度的碱液,锌和铝等有色金属耐碱腐蚀性差,多用硅酸钠等弱碱作电解质。

② 电解研磨去锈

使用电解的方法对待再制造加工零件表面进行腐蚀,并将表面的氧化层及污染层去除的方法称电解研磨去锈(简称电解研磨)。电解研磨是向电解质溶液中通入电流,使得浸渍在电解液中的金属表面上的微小突起部位优先溶解去除,从而获得平滑光泽的金属表面的方法。电解研磨通常把要处理的金属置于阳极,使用酸性或碱性电解液均可。为抑制腐蚀和增加黏度,常在电解液中加入添加剂。通过电解研磨可以得到与机械研磨不同的加工特性,适用于多种单质金属材料和合金材料。

4. 先进再制造清洗技术

① 干冰清洗技术

干冰清洗技术是将液态的二氧化碳,通过干冰制备机(造粒机)制作成一定规格(直径为2~4 mm)的干冰球状颗粒,以压缩空气为动力源,通过喷射清洗机将干冰球状颗粒以较高速度喷射到被清洗物体表面。其工作原理与喷砂工艺原理类似,干冰球状颗粒不但对污垢表面有磨削、冲击作用,用高压将低温的二氧化碳干冰球状颗粒喷射到被清洗物体表面,也可以使污垢冷却以至脆化,进而与其所接触的材质产生不同的冷却收缩效果,从而减小污垢在材质表面的黏附力。干冰球状颗粒钻入污垢裂缝,随即汽化,其体积膨胀约800倍,这种气楔作用扎入被清洗物体的表面将污垢剥离。同时,干冰球状颗粒的磨削和冲击以及压缩空气的吹扫剪切,使污垢从被清洗表面以固态形式剥离,达到了清除污垢的目的。干冰清洗技术的优点是清洗后清洗对象表面干燥洁净,无介质残留,不损伤清洗对象,不会使金属表面返锈,清洗过程不污染环境,速度快,效率高,价格便宜,操作简单方便,特别适用于不能进行液体清洗的场合。

表 3-1 将干冰清洗技术与传统清洗技术进行了比较。

表 3-1　干冰清洗技术与传统清洗技术的比较

比较项目	干冰清洗技术	传统清洗技术
设备拆卸问题	无需拆卸,可进行在线清洗	需拆卸,清洗后需重新组装
污染问题	无二次污染,干冰从接触表面升华	清洗物会形成二次污染源
清洗时间	仅为传统清洗时间的 1/4,甚至更少	机械清洗费时费力
清洗效果	优秀	一般
对设备危害问题	无危害	会磨损设备并污染被清洗区域
费用	少量的干冰费用	额外的清洗产品及二次污染

② 紫外线清洗技术

紫外线是一种波长在可见光与 X 射线之间的电磁波,波长为 100~400 nm。紫外线具有较高的能量,一些物质分子吸收紫外线后会处于高能激发态,有解离或电离倾向。同时紫外线还能促进臭氧分子生成,并生成有强氧化力的激发态氧气分子。紫外线清洗技术也称紫外线-臭氧并用清洗技术。波长为 253.7 nm 的紫外线能激发有机物污垢分子,而波长为 184.9 nm 的紫外线能激发氧气生成臭氧,并与紫外线发生协同作用促进有机物氧化,使有机物污垢分子分解成挥发性小分子。这两种波长的紫外线复合使用会大大加快清洗速度。

③ 等离子体清洗技术

等离子体清洗技术分为用不活泼气体产生的等离子体进行清洗和用活泼气体产生的等离子体进行清洗两种。等离子体清洗可用来去除玻璃和金属表面微量附着的残留水膜和有机污垢,而且有利于防止清洗对象被再次污染。在微电子行业,可用等离子体清洗硅晶片表面上的光致抗蚀膜,但用等离子体清洗技术需考虑废气对物体的再次污染及过量的腐蚀问题。

④ 超声清洗技术

超声清洗技术是利用超声波在液体传播过程中的非线性作用,使液体产生无数小气泡,这些小气泡迅速闭合时发出的冲击波可在清洗对象周围产生上千个大气压的压力和局部的高温,这些冲击波不断冲击被清洗件表面,使附着于被清洗件表面的污垢迅速破坏剥落。伴随着冲击波,超声波在液体传播时的声学辐射压力与声学毛细效应等也促使污垢加速从表面脱离,从而完成对清洗对象的彻底清洗。图 3-6 为超声清洗原理图。

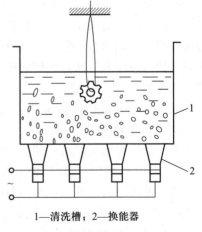

1—清洗槽;2—换能器

图 3-6　超声清洗原理

⑤ 激光清洗技术

激光是一种具有高能量的单色光束。当把激光聚焦于物体表面时,在极短时间内把光能变成热能,可在不熔化金属的前提下把金属表面的氧化物锈垢除去。另外,激光清洗技术还可以改变金属物体的金相组织结构从而达到清洗目的,如图 3-7 所示。目前,激光清洗在很多领域发挥着重要作用,并且在汽车制造、半导体晶圆片清洗、精密零件加工制造、军事装备清洗、建筑物外墙清洗、文物保护、电路板清洗、精密零件加工制造、液晶显示器清洗等领域均可发挥重要作用,是一种新的物理清洗技术。

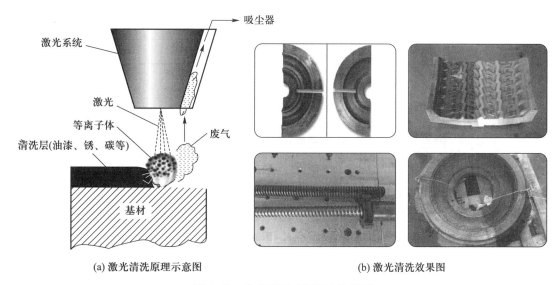

(a) 激光清洗原理示意图   (b) 激光清洗效果图

图 3-7　激光清洗原理及效果图

3.2.3　农机装备再制造清洗技术应用

农机装备再制造零部件的清洗,主要包括拆解前的清洗和拆解后的清洗。前者主要是去除零件外部沉积的大量油泥、尘埃及泥沙等污染物,后者主要是去除零件上的油污、积炭、水垢、锈蚀及油漆等污染物。拆解前的清洗,一般是采用自来水或高压水进行冲洗,适当搭配化学清洗剂。拆解后的清洗,主要包括物理法、化学法或者先进清洗技术方法。

农机装备在使用过程中产生的污垢及其特点见表 3-2。

农机装备零件污染物类型及清洗方案见表 3-3。

表 3-2　农机装备在使用过程中产生的污垢及其特点

污垢	存在位置	主要成分	特性
外部沉积物	零件表面	尘埃、油泥	容易清除但难以除净
润滑残留物	与润滑介质接触的各零件	老化的黏质油、水、盐分、零件表面腐蚀变质产物	成分复杂、呈垢状、需针对其成分进行清除

续表

污垢		存在位置	主要成分	特性
碳化沉积物	积炭	燃烧室表面、气门、活塞顶部、活塞环、火花塞	碳质沥青及碳化物	大部分是不溶或难溶成分,难以清除
	类漆薄膜	活塞裙部、连杆	碳	强度低、易清除
	沉淀物	壳体壁、曲轴颈、润滑油道	润滑油、焦油	大部分是不溶或难溶成分,难以清除
水垢		冷却系统	钙盐和镁盐	可溶于酸
锈蚀物质		零件表面	氧化铁、氧化铝	不溶于水和碱、可溶于酸

表 3-3　农机装备零件污染物类型及清洗方案

再制造零件		污染物类型	清洗方案
液压件	液压缸	油污、油泥、油漆	中小型液压缸(内外壁)宜采用超声清洗,大型液压缸(内外壁)宜采用高压水射流清洗
	中心回转体	油污	
结构件	犁架	油污、油泥、油漆、锈蚀	超高压水射流清洗或低压磨料水射流清洗
	犁铧		
	机壳		
	支杆		高压水射流清洗
传动件	销轴类	油泥、锈蚀	过热蒸汽清洗
	平衡件类	油污、油泥、油漆	高压水射流清洗
	回转支承件	油泥、锈蚀	高压水射流清洗
	传动轴	油污、油漆	高压或超高压水射流清洗

3.2.4　农机装备再制造清洗技术发展

农机装备再制造清洗技术正朝着环保、自动化以及高效等方向发展。

1. 环保型清洗

将消耗臭氧层的物质(ODS)如氟氯烃类物质作为清洗溶剂,在清洗行业非常普遍,它们在许多国家已经被列为禁止使用物,而研究它们的替代产品就成为清洗技术的发展趋势。替代产品的选择原则为:无毒,无公害,不影响工人安全和健康;优良的溶解与清洗能力;良好的性价比。因此,对环境影响较大的化学清洗方法会逐渐被物理清洗方法所代替。

2. 自动化清洗

再制造清洗过程是劳动密集型岗位,需要大量的劳动力。随着再制造规模的扩大和对生产效率的要求越来越高,对低运行成本的清洗系统的需求不断增加,促进了半自动和自动化技术在清洗行业的应用。国外和国内已经有很多自动化清洗技术的应用实例,这种技术的集中应用表现在清洗生产线、清洗机器人的开发和研制。因此,清洗的自动化已经成为清洗技术发展的趋势。

3. 生物工程清洗

再制造清洗所具有的污染性已经制约了其工程发展应用,而生物工程清洗作为一种环保的清洗技术,它的应用正逐渐成为一种趋势。生物工程就是要控制活的生物体的力量,使某些生化过程更加容易、迅速和有效地发生。生物工程清洗的典型应用是生物降解技术、生物酶清洗等。

4. 复合清洗技术

由于再制造农机装备零件表面复杂的污染物情况,单一的清洗技术无法满足再制造加工技术对再制造零件表面清洁度的要求,因此针对再制造零件的清洗工艺将两种或多种清洗技术复合在一起,如将超声清洗、溶剂清洗、蒸汽清洗与高压水冲洗复合在一起,可大大提高零件表面的清洗效果。另外,单一的清洗技术可能带来粉尘或其他污染,如将高压水射流清洗与喷砂清洗复合为高压水磨料射流清洗,既解决了沙粒带来的粉尘污染,又解决了单纯的高压水射流清洗效率低的问题。

3.3 农机装备再制造毛坯检测技术

再制造零件,是以具有服役历史的原型制造零件为生产对象,对其进行再制造生产后获得的零件。再制造零件经装配成部件及整机后进入服役环节,在服役过程中,承受工况环境的载荷作用,零件性能会逐渐劣化,产生损伤累积,直到达到设计寿命而报废。再制造毛坯是设计寿命已经完结而退役的废旧零件,要对其进行再制造再利用,就要在再制造加工前对其进行损伤检测。

3.3.1 农机装备再制造毛坯检测概述

再制造毛坯检测,是指在再制造过程中,借助于各种检测技术和工具,确定拆解后废旧零件的表面几何参数以及功能状态等,以决定其是否达到可再制造要求的过程。对于废旧零件,不管是其外观形状还是内在质量,都要经过仔细的检测,并根据检测结果进行再制造性综合评价,确定该零件在技术上和经济上进行再制造的可行性。再制造毛坯检测,不但能决定废旧零件的使用方案,还能帮助决策可再制造加工的废旧零件(再制造毛坯)的再制造加工方式,是再制造过程中一项至关重要的工作,直接影响着再制造成本和再制造产品质量的稳定性。

对农机装备再制造过程中的检测环节有以下几方面的要求:① 充分利用先进的无损检测技术,提高毛坯检测质量的准确性和完好率,尽量减少或消除误差,建立科学的检测程序和制度;② 严格掌握检测技术要求和操作规范,结合再制造性评价,正确区分可直接再利用件、需再制造件、可材料再循环件及环保处理件,从技术、经济、环保、资源利用等方面综合考虑,使得环保处理量最小化、再利用和再制造量最大化;③ 根据检测结果和再制造经验,对检测后的毛坯进行分类,并对需再制造的零件提供信息支持。

与新零件的检测相比,废旧农机装备再制造毛坯检测有以下两个方面的不同。其一,设计制造检测的对象是新的零件,而再制造毛坯检测的对象都是磨损或损坏了的零件,因此再制造毛坯检测时要分析零件磨损或损坏的原因并采取合理的措施加以改进。其二,设计制造检测的尺寸是公称尺寸,而再制造毛坯检测的尺寸是实际尺寸。再制造毛坯检测的尺寸要保证相配零件的配合精度,对应该配作的尺寸需作恰当的分析,否则容易造成废品。再制造毛坯检测技术人员,不仅要提供再制造加工或替换件的可靠图样,还要分析产品故障原因,找出故障规律,提出对原产品再制造的改进方案。

拆解清洗后的零件处理分为直接使用、需再制造加工、报废处理三类。所以,拆解后废旧零件的鉴定与检测工作是产品再制造过程的重要环节,是保证再制造产品质量的重要步骤,应给予高度的重视。同样,废旧件的再制造检测方法,也可以在再制造加工后生成的再制造零件检测中进行应用。

用于再制造的毛坯要根据经验和要求进行全面的质量检测,同时应根据具体需要而有所侧重。再制造毛坯检测一般包括几何精度、表面质量、理化特性、潜在缺陷以及零件的重量差和平衡状况等几个方面的内容。

几何精度包括零件的尺寸、形状和表面相互位置精度等。通常需要检测尺寸、圆柱度、圆度、平面度、直线度、同轴度、垂直度和跳动等。产品摩擦副的失效形式主要是磨损,因此,要根据再制造产品寿命周期要求,正确检测判断再制造毛坯的磨损程度,并预测其再使用时的情况和服役寿命等。根据再制造产品的特点及质量要求,对零件装配后的配合精度要求,也要在检测中给予关注。

废旧零件表面经常会产生各种不同的缺陷,如粗糙不平、腐蚀、磨损、擦伤、裂纹、剥落和烧损等,零件的这些缺陷会影响其工作性能和使用寿命。如气门存在麻点、凹坑,会导致密封性变差,从而引起漏气;齿轮表面疲劳剥落会影响啮合关系,使工作时发出异常声响。因此,废旧零件拆解清洗后,需要对这些缺陷表面、表面材料与基体金属的结合强度进行检测,并判断存在缺陷的零件是否可以再制造,为选择再制造方案提供依据。

零件的理化特性包括金属毛坯的合金成分、材料的均匀性、强度、硬度、热物理性能、硬化层深度、应力状态、弹性、刚度等,橡胶件和塑料的硬化、脆化、老化等都应作为检测内容。这些特性的改变会影响农机装备的使用性能,使其无法正常工作。如油封老化会产生漏油现象,活塞环弹性减弱会影响密封性,等等。对于不可再制造的零件,则不用安排检测工序,例如部分老化并不可恢复性能的高分子材料件。

潜在缺陷主要是指废旧毛坯铸件内部的夹渣、气孔、缩松、空洞等缺陷及微观裂纹等,对这些缺陷进行检测,可防止再制造件渗漏、断裂等故障发生。

此外,还需要对零件的重量差和平衡状况等进行检测。高速转动的零件不平衡将引起农机装备的振动,并将给零件本身和轴承造成附加载荷,从而加速零件的磨损和其他损伤。一些高速转动的零件如农机车轮需要进行动平衡和振动状况检测。

3.3.2　农机装备零件主要失效形式分析

研究农机装备零件的失效问题,对农机装备的再制造有重要的意义。农机装备零件的损坏大体上可以分为两种情况。一是零件的外形尺寸发生改变,使零件不能维持原有的配合关系,例如零件使用过程中的形变、机械损伤、摩擦磨损等。二是金属零件由于摩擦或散热不良导致材料特性发生变化而影响零件的继续使用,例如齿轮在缺乏润滑油的情况下摩擦生热发生退火而失去了原有的热处理硬度和强度。若将这两大类失效形式进行细分,则可能出现的零件损坏形式是多种多样的。下面就常见的零件损坏形式和再制造方法进行说明和分析。

1. 磨损失效

由于传动配合零件之间存在相互接触和相互运动,因此一定会产生摩擦。长期的摩擦会使零件表面的几何尺寸发生变化,零件的磨损失效主要是由以下两方面原因造成的。由于两配合零件在相互运动的过程中,会不可避免地出现机械性磨损。这是因为农机装备所使用的机械加工零件,无论加工精度有多高,微观上表面都是不光滑的,这就加大了零件接触过程中的摩擦力,导致微观上的金属细屑不断脱落,长久使用就会引起零件几何尺寸的较大改变。当两零件的配合间隙达到一定的松旷程度,就会在传动过程中产生一定的冲击振动,进而加速零件的磨损与损坏。此外,由于农机装备工作过程中会产生大量的粉尘甚至直接接触粉尘如土壤等,这些粉尘散落在传动零件的接触面,增大了摩擦的阻力,导致零件过早失效,在机械上把这种磨损称为磨粒磨损,磨粒磨损多是没有采取密封结构或防尘装置导致的。

2. 弯曲变形及断裂失效

农机装备在生产作业的过程中很容易出现局部负载过大的情况,这是因为农机装备在耕作或收获的过程中不确定因素过多,作业复杂程度较大,当零件负载过大很可能会导致零件的变形或断裂。在深松作业过程中,通常情况下农机匀速行驶,深松铲各部位所受的力是均衡的。但是,当土质密度不均匀或耕地土壤中含有砂石时,深松铲可能会在某一区域受力突然增大,导致深松铲的支撑结构或铲体本身出现变形或断裂,使深松铲部分失去使用功能。其他的农机装备在作业的过程中也可能会因为杂草缠绕、粮食或秸秆堵塞、局部卡住等问题,导致某一传动部件受力突然增大,引起零件的变形或破损。

3. 腐蚀失效

农机装备的制造所使用的材料多为普通的钢材,有些外壳类零件会采取喷漆或喷塑的工艺进行防腐处理,有些重要的零件会采用镀铬或发黑方式进行防腐,但是仍有很大一部分零件以碳钢为主要原料。在完成生产加工后,由于成本所限不会对其进行防腐处理就将其直接安装使用,这些零件在设计时通常位于防护罩下方或壳体内部,不易接触到水或其他腐蚀性物质,然而零件在长期的使用过程中会不可避免地与水、粉尘或泥土接触,这些污染物会导致金属零件因生锈而出现腐蚀,腐蚀会导致零件表面不光滑、磨损加剧、配合尺寸遭到破坏,最终影响零件的使用寿命。

4. 疲劳断裂

农机装备在工作过程中,有些零件会频繁地做往复性运动,例如玉米收割机的振动筛或是振动深松机的支撑振动结构,这些结构可能在使用过程中,由于速度控制不当或设计不合理,导致往复运动后出现疲劳断裂。由于零件疲劳断裂具有突发性且通常发生在传动的关键部位,其对农机装备造成的损坏将会更加严重。

3.3.3 农机装备再制造毛坯检测技术

农机装备再制造毛坯检测技术按检测内容的不同可以被分为再制造毛坯几何参数检测技术、力学性能检测技术和缺陷无损检测技术等。

1. 几何参数检测技术

对再制造产品所用旧件或再制造件进行几何参数检测,就是根据再制造产品标准图样、几何参数要求,通过测量将再制造毛坯的几何参数与规定要求进行比较作出判定的过程。机械产品系统由各种各样的零件组成,在再制造过程中,必须借助测量工具和仪器对产品拆解后的废旧零件进行较为精确的几何参数检测,鉴定其可用性和再制造性。对再制造毛坯进行几何参数检测要根据尺寸、公差等技术要求,对尺寸值、几何误差值、表面粗糙度值等参数进行测量和判定,了解再制造毛坯的尺寸变化,判定该再制造毛坯是否能够继续使用,并协助选择再制造毛坯的再制造加工策略,筹措必要的保障准备。

下面介绍农机装备再制造毛坯几何参数检测的注意事项。农机装备再制造毛坯的尺寸较大,所以其尺寸测量多属于大尺寸测量(大尺寸测量一般是指对 500 mm 以上的线性尺寸的测量)。大尺寸测量与常用尺寸测量有所不同。在常用尺寸范围内(尺寸≤500 mm),一般而言孔比轴难以测量,而在大尺寸范围内(尺寸>500 mm),往往轴比孔更难以测量。另外,对测量误差来源而言,温度影响、量具和工件因自重而变形的影响对大尺寸测量就显得更加突出。为了减少温度偏差及工件和量具温差的影响,在测量前需将两者放在等温(或称定温)的测量地点,且工件放置时间一般需在 24 h 以上,量具的放置时间一般凭经验而定。当尺寸≤1 m、1 m<尺寸≤2.5 m 以及 2.5 m<尺寸≤4 m 时,量具的放置时间应分别在 1.5 h、2.5 h 和 4 h 以上。

2. 力学性能检测技术

农机装备拆解后的零件是否能够经过再制造后使用,不仅取决于其几何参数,还与其力学性能有关。因此,必须按照制造阶段的零件性能规定标准,对废旧零件的力学性能进行检测,以确保再制造产品的质量。根据产品性能劣化规律,废旧零件除磨损和断裂外,主要的力学性能变化是硬度下降。另外,还存在高速旋转机件动平衡失衡、弹簧类零件弹性下降、高分子材料的老化等问题。

(1) 硬度测量

硬度指金属材料表面对局部塑性变形的抵抗能力,它是衡量材料软硬程度的指标,硬度越高,材料的耐磨性越好。目前测量硬度最常用的是压入试验法,它是在一定载荷下,将具有一定几何形状的压头压入被测试金属材料表面,根据被压入程度来衡量其硬度值。常用的有布氏硬度(HBW)、洛氏硬度(HRA、HRB、HRC)和维氏硬度(HV)等值。

(2) 动平衡检测

动平衡的作用包括提高旋转机件及其装配成品的质量,减小旋转机件高速旋转时产生的噪声及振动,降低作用在支承部件上的不平衡动载荷,提高支承部件(轴承)的使用寿命,降低使用者的不舒适感,降低产品因动不平衡带来的额外功耗。平衡机就是对转动体在旋转状态下进行动平衡检测的专用装置。动平衡技术可分为工艺平衡法、现场整机平衡法及自动在线平衡法三类。

3. 缺陷无损检测技术

对于再制造毛坯的内部损伤或缺陷,从外观上很难进行定量的检测,主要使用无损检测技术来鉴定。无损检测技术在再制造生产领域获得了广泛应用,成为控制再制造产品生产质量的重要技术手段,常用的有渗透检测技术、磁粉检测技术、超声检测技术和射线检测技术等。

(1) 渗透检测技术

把需受检测的再制造毛坯表面处理干净以后涂覆专用的渗透液,通过表面细微裂纹缺陷的毛细作用将渗透液吸入其中,然后把毛坯表面残存的渗透液清洗掉,再涂覆显像剂把缺陷中的渗透液吸出,从而显现缺陷图像。

渗透检测分为荧光法和着色法两大类。荧光法是将含有荧光染料的渗透液涂覆在再制造毛坯表面,使其渗入表面缺陷中,然后除去表面多余的渗透液。将表面吹干后施加显像剂,将缺陷中的渗透液吸附到毛坯表面,在暗室中紫外线的照射下,再制造毛坯会发出明亮的荧光,将缺陷的图像显示出来。着色法和荧光法相似,只是渗透液内不加荧光染料而加入红色颜料,缺陷在白色显像剂的衬托下显色,可以在白光或日光下进行检查。

（2）磁粉检测技术

磁粉检测技术就是利用磁化后的再制造毛坯在缺陷处会吸附磁粉,以此来显示缺陷的一种检测技术。磁粉检测能比较灵敏地检测出铁磁性材料(铁、镍)及其合金(奥氏体不锈钢除外)的表面裂纹、夹杂等缺陷,在一定条件下也可检测出表面下的近表缺陷(2~5 mm 内)。在最佳检测条件下可以检测出长度在 1 mm 以上、深度在 0.3 mm 以上的表面裂纹,能检测出的裂纹的最小宽度约为 0.1 μm。

进行磁粉检测时,必须先将被检再制造毛坯磁化,再制造毛坯表面或近表面有裂纹等缺陷时,若缺陷的方向与磁力线垂直或成一定角度,缺陷中因空气等非磁性物质的存在,其导磁能力大大降低,使得磁力线在缺陷处不易通过,产生干扰,迫使部分磁力线外泄,在缺陷边缘处形成漏磁场。若将磁粉(高磁导率、低矫顽力的氧化铁粉末)撒到再制造毛坯表面,磁粉就被漏磁场吸引聚集在零件表面缺陷边缘或附近,根据磁粉聚集的情况就可以判断缺陷的位置和分布情况。图 3-8 所示为磁粉探伤原理。

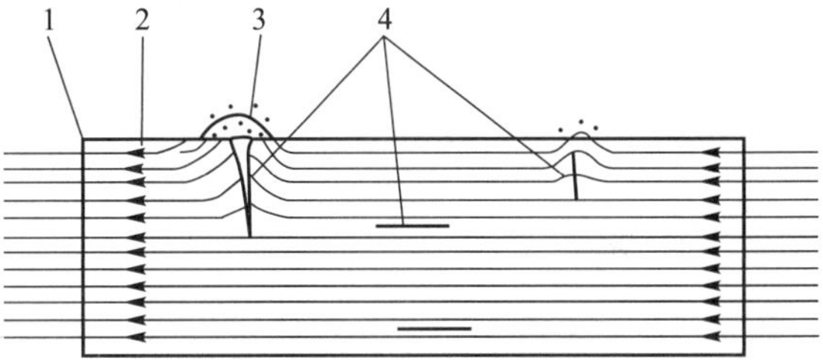

1—毛坯；2—磁力线；3—磁粉；4—缺陷(裂纹)

图 3-8　磁粉探伤原理

（3）超声检测技术

声波的频带很宽广,可在数赫兹到数千兆赫兹的范围内变化,频率高于 20 000 Hz 的声波称为超声波。超声检测是利用超声波探头产生超声波脉冲,超声波射入被检再制造毛坯后在再制造毛坯中传播。如果再制造毛坯内部有缺陷,则一部分入射的超声波在缺陷处被反射,由探头接收并在示波器上表现出来,可根据反射波的特点来判断缺陷的部位及其大小。在无损检测中之所以使用频率高的超声波,是因为其指向性好,能形成窄的波束;波长短,能很好地识别小的缺陷;距离的分辨能力好,缺陷的分辨率高。用于探伤的超声波,其频率一般为 0.4~25 MHz,其中用得最多的频率是 1~5 MHz,因为该频率的超声波对常见缺陷不会发生绕射漏检情况。

（4）射线检测技术

X 射线、γ 射线和中子射线因易于穿透物质而在产品质量检测中获得了应用。它们的作用原理如下:射线在穿过物质的过程中,由于受到物质的散射和吸收作用而使其强度降低,强度降低的程度取决于物体材料的种类、射线种类及其穿透距离。当把强度均匀的射线照射到物体(如平板)的一个侧面上时,通过在物体的另一侧检测射线在穿过物体后的强度变化,就可检测出物体表面或内部的缺陷,包括缺陷的种类、大小和分布状况。X 射线直接照相法检测原理如图 3-9 所示。

对微小缺陷的检测采用 X 射线直接照相法最为合适。其典型的操作过程如下:把被检物安放在离 X 射线装置 0.5~1 m 处,把胶片盒紧贴在被检物的背后,让 X 射线照射适当的时间后进行充分曝光;然后,把曝光后的胶片在暗室中进行显影、定影、水洗和干燥,再将干燥的底片放在显示屏的观察灯上观察,根据底片的黑度和图像来判断缺陷的种类、大小和数量,随后按通行的要求和标准对缺陷进行等级分类。对于气孔、夹渣等缺陷来说,在 X 射线透射方向有较明显的厚度差别,即使很小的缺陷也较容易检查出来;但是,对于如裂纹等虽有一定的投影面积但厚度很薄的一类缺陷而言,只有采用与裂纹方向平行的 X 射线照射时才能够将其检查出来,而用与裂纹方向垂直的 X 射线照射时就很难将其检出。因此,为保证检测的准确性,X 射线直接照相法有时要改变照射方向来进行照相。

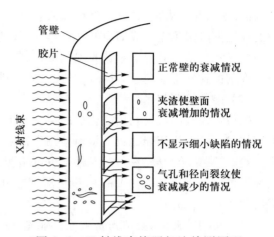

图 3-9　X 射线直接照相法检测原理

随着再制造工程的迅速发展,促进了再制造毛坯先进检测技术的发展。除了上述提到的检测技术外,还有激光全息照相检测、声阻法探伤、红外无损检测、声发射检测和工业内窥镜检测等先进检测技术,这些先进的检测技术将为提高再制造效率和质量提供有效保证。

思考题与练习

3-1　什么是再制造前处理技术?它一般由哪几个环节组成?

3-2　再制造拆解的分类方法有哪些?按照拆解程度进行分类,再制造拆解可分为哪几类?

3-3　再制造拆解的基本工艺方法有哪些?

3-4　以题图 3-4 所示悬挂式旋耕机为例说明再制造拆解的步骤。

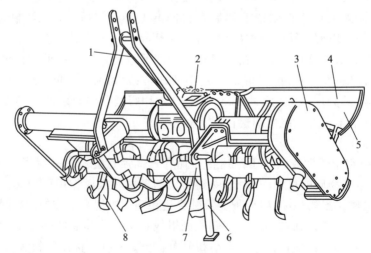

1—悬挂架;2—齿轮箱;3—链轮箱;4—平土拖板;5—挡泥板;6—撑杆;7—刀轴;8—刀片

题图 3-4

3-5　在拆解农机装备时,如果遇到锈死螺钉应怎样拆解?

3-6　简述在拆解静配合件时需要注意哪些事项。

3-7　再制造清洗的基本要素有哪些?

3-8　对拆解后农机装备零件进行再制造清洗的主要内容包括哪些?

3-9　对比再制造清洗的化学技术和物理技术的优缺点。

3-10　简述激光清洗技术原理,并说明其应用场合。

3-11　对照表 3-2 和表 3-3 对题图 3-11 所示覆土盘的清洗方法进行分析。

3-12　简述再制造毛坯检测的概念和作用。

3-13　与新零件的检测相比,废旧农机装备再制造毛坯的检测有哪些不同?

3-14　分析题图 3-11 所示覆土盘的失效形式有哪些。

题图 3-11

3-15　以一种无损检测技术为对象,简要说明其原理。

第4章　农机装备再制造加工技术

废旧的农机装备进行再制造拆解后,有大量的零件因磨损、腐蚀、氧化、刮伤以及变形等而失去其原有的尺寸及性能,无法再直接使用。针对这些失效的零件,最简单的处理方法是报废并更换新件,但这无疑会造成材料和资金的消耗。采用先进合理的再制造加工技术对这些废旧失效零件进行再制造,恢复其几何尺寸及性能要求,可以有效减少原材料的消耗并降低废旧农机装备再制造过程中的投入成本。

4.1　农机装备再制造加工技术概述

4.1.1　再制造加工技术概述

废旧农机装备再制造加工是指对废旧失效的农机装备零件进行几何尺寸和力学性能加工恢复或升级的过程。再制造加工主要有两种技术,即机械加工技术和表面加工技术。实际上,大多数失效的金属零件都可以采用再制造加工使其性能恢复。而且,通过先进的表面加工技术,甚至还可以使恢复后的零件性能远超新的零件性能。

并非所有拆解后失效的废旧零件都适合进行再制造加工恢复。一般来说,失效零件可再制造要满足下述条件:

(1)再制造件加工成本要明显低于新件制造成本。再制造加工主要针对附加值比较高的核心零件进行,对低成本的易耗件一般直接进行换件。但是,当某类废旧产品在再制造过程中无法获得某个备件时,则通常不把该零件的再制造成本问题放在首位,而通过对该零件的再制造加工来保证整体产品再制造的完成。

(2)再制造件要能达到新件的配合精度、表面粗糙度、硬度、强度和刚度等技术条件。

(3)再制造件的寿命至少能达到维持再制造产品使用的一个正常寿命周期,满足再制造产品性能不低于新产品的要求。

(4)失效零件本身成分符合环保要求,不包含有环境保护法规中禁止使用的有毒有害物质。随着时代发展的要求,环境保护更加被重视,使同一零件在再制造时相对制造时受到更多环境保护法规的约束,许多在原产品制造中允许使用的物质可能在再制造中就不允许继续使用,则这些零件不能进行再制造加工。

再制造加工技术涉及许多学科的基础理论,诸如金属材料学、焊接学、电化学、摩擦学、腐蚀与防护理论以及多种机械制造工艺理论。同时,失效零件的再制造加工恢复也是一个实践性很强的领域,其工艺技术内容相当繁多,实践中不存在一种万能技术可以对各种零件进行再制造加工,对一个具体的失效零件经常要复合应用几种技术才能使失效零件的再制造取得良好的质量和效益。

4.1.2 再制造加工技术的分类与选择

废旧农机装备失效零件常用再制造加工技术可以按照图4-1进行分类。

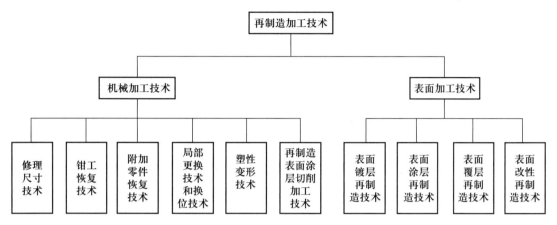

图 4-1 失效零件常用再制造加工技术

再制造加工技术选择的基本原则是技术的合理性。所谓技术合理是指在经济允许、技术具备、符合环保的情况下,所选技术要尽可能使再制造零件的尺寸及性能要求不低于新品。再制造加工技术选择时一般主要考虑以下因素:① 再制造加工技术对零件材质的适应性;② 各种恢复用覆层技术可修补的厚度(可参考表4-1);③ 覆层与基体的结合强度;④ 覆层的耐磨性;⑤ 覆层对零件疲劳强度的影响;⑥ 再制造加工技术的环保程度。

表 4-1 覆层技术可修补的最佳厚度及结合强度

覆层技术	镀铬	镀铁	电刷镀镍	金属热喷涂	陶瓷热喷涂	高分子热喷涂	振动堆焊	埋弧堆焊	火焰喷焊	等离子喷焊
可修补的最佳厚度/mm	0.04~0.1	0.1~3	0.04~0.2	0.2~3	0.2~0.5	0.5~3	0.3~3	5~20	0.1~3	0.1~5
结合强度/MPa	490	300	400	30	20	30	500	740	500	500

4.2 农机装备再制造机械加工技术

4.2.1 再制造机械加工的特点及方法

机械加工是零件再制造最常用的一种技术,它既可作为独立的手段直接对零件进行再制造加工,也可作为其他再制造加工技术(如焊接、电镀、喷涂等)的工艺准备或最后加工中不可缺少的工序。而再制造机械加工技术是指以机械加工作为独立手段,直接进行机械设备零部件再制造的一种技术。这种再制造技术方法简单易行,再制造后质量稳定,加工成本低,只要再制造零件缺陷部位的结构和强度允许都可采用,目前在国内外再制造厂的实际生产中得到了广泛应用。

农机装备废旧零件再制造恢复的机械加工与新制件的机械加工相比,有明显不同的特点。新制件在制造中的生产过程一般是先根据设计选用材料,然后用铸造、锻造或焊接等方法将材料制作成零件的毛坯(或半成品),再经金属切削加工制成符合尺寸精度要求的零件,最后将零件装配成为产品。而再制造过程中的机械加工所面对的对象是废旧或经过表面处理的零件,通过机械加工来完成其尺寸公差与配合及性能要求。其加工对象是废旧的定型零件,一般加工余量小,原有基准多已破坏,给装夹定位带来困难。另外待加工表面性能已定,一般不能用工序来调整,只能以加工方法来适应它。废旧零件的失效形式和加工表面多样,给组织生产带来困难,所以废旧零件的再制造加工具有个体性、多变性及技术先进性等特点。

农机装备废旧零件的再制造机械加工技术中常用的有修理尺寸技术、钳工恢复技术、附加零件恢复技术、局部更换技术和换位技术、塑性变形技术、再制造表面涂层切削加工技术。

4.2.2　修理尺寸技术

机械设备的间隙配合副(例如轴和孔)在使用至设备需再制造时,一般都会产生不均匀磨损,使配合副的间隙增大,工作性能劣化,拆解清洗后无法直接用于再制造装配。因此,在对此类废旧零件进行再制造恢复,再制造后达到原设计尺寸和其他技术要求,称为标准尺寸再制造恢复,一般采用表面工程技术可以实现标准尺寸再制造恢复。

目前,对这类配合副中的主要零件,可以不考虑原来的公称尺寸,采用机械加工方法切去不均匀磨损部分而获得一个新尺寸,并恢复原来的几何公差和表面粗糙度,然后根据再制造的修理尺寸配制或修复相应的配合件,保证原有的配合关系不变,这一新尺寸被称为再制造修理尺寸,这种再制造配合副的方法便被称为修理尺寸技术,其实质是恢复零件配合尺寸链的方法。在调整法、修配法中,组成环的再制造恢复多采用修理尺寸技术,如修轴颈、换套或扩孔镶套、键槽加宽一级、重配键等均为较简单的实例。由此可见当采用修理尺寸技术再制造配合副时,再制造的修理尺寸的确定是很重要的。显然,在一对配合副中,应加工复杂而贵重的零件,更换另一配合件。例如机床中的主轴与轴承,应加工主轴,配换轴承;内燃机中的气缸与活塞,应加工气缸,配换活塞。但应注意,加工后的零件表面仍要保证其质量,满足对再制造产品工作性能和使用寿命的要求。

修理尺寸技术常常用于机械设备中轴和孔构成的配合副的再制造。在采用修理尺寸技术再制造加工轴和孔构成的配合副时,根据配合副的工作性质和加工后轴线位置的要求不同,可将修理尺寸技术分为同心法和不同心法。保证加工后轴或孔的轴线与原轴线一致的,称同心法;加工后轴或孔的轴线与原轴线稍有改变的,称不同心法。两者在再制造修理尺寸的确定方法方面稍有不同。

在确定再制造修理尺寸即去除的表面层厚度时,首先应考虑零件结构上的可能性和再制造加工后零件的强度、刚度是否满足需要。如轴颈尺寸减小量一般不得超过原设计尺寸的10%;轴上键槽可扩大一级。为了得到有限的互换性,可将零件再制造修理尺寸标准化。如为内燃机气缸套规定几个标准的再制造修理尺寸,以适应尺寸分级的活塞备件;将曲轴轴颈的修理尺寸分为16级,每一级尺寸缩小量为 0.125 m,最大缩小量不得超过 2 mm。曲轴主轴颈、连杆轴颈的再制造修理尺寸见表 4-2。

表 4-2　曲轴主轴颈、连杆轴颈的再制造修理尺寸　　　　　单位:mm

部位		轴颈尺寸			
		标准尺寸	第一修理尺寸 = 标准尺寸 -0.25	第二修理尺寸 = 标准尺寸 -0.50	第三修理尺寸 = 标准尺寸 -0.75
收割机	曲轴主轴颈	$54.00^{-0.022}_{-0.042}$	$53.75^{-0.022}_{-0.042}$	$53.50^{-0.022}_{-0.042}$	$53.25^{-0.022}_{-0.042}$
	连杆轴颈	$46.00^{-0.022}_{-0.042}$	$45.75^{-0.022}_{-0.042}$	$45.50^{-0.022}_{-0.042}$	$45.25^{-0.022}_{-0.042}$
旋耕机	曲轴主轴颈	$54.00^{-0.022}_{-0.042}$	$53.75^{-0.022}_{-0.042}$	$53.50^{-0.022}_{-0.042}$	$53.25^{-0.022}_{-0.042}$
	连杆轴颈	$47.80^{-0.022}_{-0.042}$	$47.55^{-0.022}_{-0.042}$	$47.30^{-0.022}_{-0.042}$	$47.05^{-0.022}_{-0.042}$
拖拉机	曲轴主轴颈	$54.00^{-0.022}_{-0.042}$	$53.75^{-0.022}_{-0.042}$	$53.50^{-0.022}_{-0.042}$	$53.25^{-0.022}_{-0.042}$
	连杆轴颈	$48.00^{-0.022}_{-0.042}$	$47.75^{-0.022}_{-0.042}$	$47.50^{-0.022}_{-0.042}$	$47.25^{-0.022}_{-0.042}$

待再制造恢复的废旧零件的表面和定位基准多已损坏或变形,在加工余量很小的情况下,盲目使用原有定位基准,或只考虑加工表面本身的精度,往往会造成零件的进一步损伤,导致报废。因此,再制造加工前必须检查、分析、校正变形并修整定位基准后再进行加工,方可保证加工表面与其他要素的相互位置精度,并使加工余量尽可能小,必要时需设计专用夹具。

再制造修理尺寸技术应用极为普遍,是国内外最常采用的再制造加工技术,工作简单易行,经济性好,同时可恢复零件的使用寿命,尤其对贵重零件意义重大。但使用该技术时,在保证配合精度要求的情况下,一定要判断是否能满足零件的强度和刚度的设计要求,是否能满足再制造产品使用周期的寿命要求,以确保再制造产品质量。

4.2.3　钳工恢复技术

钳工恢复技术也是废旧零件再制造机械加工恢复过程中最广泛应用的技术之一,它既可以作为一种独立的手段直接用于恢复零件,也可以作为其他再制造加工技术(如焊接、电镀、喷涂等)的工艺准备或最后加工中必不可少的工序。钳工恢复技术主要有刮研、铰孔、研磨等方法。

1. 刮研

用刮刀从工件表面刮去较高点,再用标准检具(或与之相配的件)涂色检验的反复加工过程称为刮研。刮研常用来提高工件表面的几何精度、尺寸精度、接触精度、传动精度并减小表面粗糙度值,使工件表面组织紧密,并能形成比较均匀的微浅凹坑,创造良好的储油条件。

平面刮研一般要经过粗刮、细刮、精刮和刮花 4 个步骤。① 粗刮是用平面粗刮刀刮研。刮研时刀痕宽 8 ~ 16 mm、长 10 ~ 25 mm,并应连成片。第一遍刮研方向与加工刀痕方向成 45°,连续推成;第二遍刮研方向与第一遍刮研方向成 90°,连续推铲工件表面。在整个刮研面上刮除量应均匀,不允许出现中间低、四周高的现象。当刮研表面 25 mm×25 mm 面积内有 2 ~ 3 个点时,粗刮结束。② 细刮是用平面细刮刀刮研。刮研时,按一定刀痕方向依次刮研,可连刀刮研。刮第二遍时,与上一遍刮研方向呈 45° ~ 60° 方向进行。在刮研中,应将高点的周围部分也刮去,使周围的次高点显示出来,可节省刮研时间。同时要防止刮刀倾斜,避免刮刀回程时在刮研表面上拉出深痕。当刮研表面 25 mm×25 mm 面积内有 12~15 点时,细刮完成。③ 精刮是用平面精刮刀刮研。刮刀刃口必须保持锋利和光洁,防止刮研时出现撕纹,刮研压力宜小,刀痕减少到最小程度,即宽约 1.5 mm,长约 2.5 mm。精刮后,刮研表面 25 m×25 mm 面积内显示点数应在 20 以上。④ 刮花可增加刮研面的美观度,能使滑动件之间形成良好的润滑条件,并且在使用过程中还可以根据花纹的消失程度来判断平面的磨损程度。

2. 铰孔

铰孔是利用铰刀进行精密孔加工和修整性加工的过程,它能提高零件的尺寸精度和减小表面粗糙度值,主要用来恢复各种配合的孔,恢复后其公差等级可达 IT7~IT9,表面粗糙度 Ra 值可达 0.8~3.2 μm。

3. 研磨

用研磨工具和研磨剂在工件上研磨掉一层极薄表面层的精加工方法称研磨。研磨可使工件表面得到较小的表面粗糙度值、较高的尺寸精度和几何精度。研磨加工可用于各种硬度的钢材、硬质合金、铸铁及有色金属,还可以用于水晶、玻璃等非金属材料。经研磨加工的零件表面尺寸误差可控制为 0.001~0.005 mm,一般情况下表面粗糙度 Ra 值可达 0.8~0.5 μm,而几何误差可小于 0.005 mm。

4.2.4 附加零件恢复技术

有些设备零件只有个别工作表面磨损严重,当其结构和强度允许时,可以将磨损部位进行机械加工,再在这个部位镶上一个套或其他镶装件,以补偿磨损和再制造加工去掉的部分,最后将其加工到公称尺寸,以恢复原配合精度。镶装件是在再制造过程中增加的,故这种用增加零件来修理的技术被称为附加零件恢复技术。例如箱体或复杂零件上的内孔损坏后,可扩孔以后再镶加一个套筒类零件进行恢复。因采用附加零件恢复技术往往不能完全达到再制造产品的质量和寿命要求,所以该技术在再制造加工中的应用范围相对较小,但镶装件磨损后还可以更换,为以后的使用修理或再制造工作带来方便。另外该技术可实现零件的重新利用,具有显著的资源和经济效益。

有些机械设备的某些结构在设计和制造时就应用了这一原理,对一些形状复杂或贵重的零件,在其容易磨损的部位预先镶上镶装件,以使在磨损后只需更换这些镶装件便可方便地达到再制造的目的。

图 4-2 所示为废旧轴的一端轴颈磨损后采用镶装件进行再制造的一个示例。为防止镶套工作时松动,轴与镶套的配合必须有一定的过盈量,并在轴端用定位销固定。为保证零件原有的硬度和耐磨性,可根据镶套的材质预先进行热处理,再将镶套压入轴颈,装上定位销。

在车床上,丝杠、光杠、开关杠与支架配合的孔磨损后,可将支架上的孔加工大,再压入附加的镶套,如图 4-3 所示。镶套磨损后可再进行更换。

通过附加零件恢复技术可以再制造较大磨损量的零件缺陷,并可以一次加工到公称尺寸而不必更换与之配合的零件,而且还给以后的使用维修工作提供了方便。但在应用附加零件恢复技术时,应注意以下两个问题。① 镶装件的材质应根据零件所处的工况来选择。例如在高温下工作的镶装件应尽量选用与基体一致的材料,使两者的热膨胀系数相同,保证工作中镶装件的稳固性。再例如若要求镶装件耐磨,可选用耐磨材料。② 镶套工艺往往受到零件结构和强度的限制,镶套壁厚一般只有 2~3mm,且镶装后为保证稳定的紧固性,镶套和基体之间应采用过盈配合。这样镶套和基体均会受到力的作用,因此要求正确选择过盈量。如果过盈量过大会胀坏镶套或座孔,甚至会使基体变形;过盈量过小,可能会出现松动。

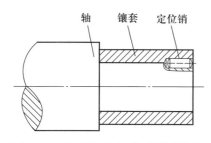

图 4-2　轴颈的镶装件再制造恢复

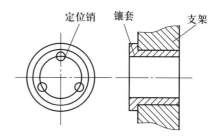

图 4-3　支架孔的镶装件再制造恢复

4.2.5　局部更换技术和换位技术

有些机械设备零件在使用过程中,各部位可能出现不均匀的磨损,某个部位磨损严重,而其余部位完好或磨损轻微。在这种情况下,如果零件结构允许,可把有严重缺陷的部分切除,重新制作后更换一个新的部分,并把它加工到原有的形状和尺寸,使新换上的部分与原有零件的基本部分连接成为整体,从而恢复零件的工作能力,这种再制造恢复技术称局部更换技术。

局部更换技术在零件再制造中也有一定的应用。例如,在齿轮类零件中,有些齿轮的轮齿磨损严重,或者轮齿断裂缺失,但内花键完好,确有再制造价值时,可以采用局部更换齿圈的方法进行恢复(图 4-4)。操作步骤为:先将齿轮上的齿形部分车去,留下心部。用相同的材料加工一只套圈与心部过渡配合,在两端套圈与心部的接缝处进行焊接,使两者连为一体,然后经车削、切齿以及齿形部分热处理等工序完成再制造。

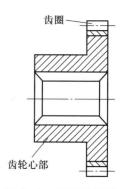

图 4-4　齿圈的更换

有些零件在使用时产生单边磨损,或磨损有明显的方向性,而对称的另一边磨损较小。此时若结构允许,在不具备彻底对零件进行恢复的条件下,可以利用零件未磨损的一边,更换安装方向即可继续使用,这种再制造恢复技术称为换位技术。使用该技术时需注意使零件符合装配的公差与配合要求。

4.2.6　塑性变形技术

塑性变形技术是利用外力的作用使金属零件产生塑性变形,恢复零件的几何形状,或使零件非工作部分的金属向磨损部分移动,以补偿磨损掉的部分,恢复零件工作表面原来的尺寸精度和形状精度。根据金属材料可塑性的不同,分为常温下进行的冷压加工和热态下进行的热压加工。常用的塑性变形技术有镦粗法、扩张法、缩小法、压延法和校正法。

1. 镦粗法

它是利用减小零件的高度来增大其外径尺寸或缩小内径尺寸的一种加工方法,主要用来恢复有色金属套筒和圆柱形零件。例如,当铜套的内径或外径磨损时,可在常温下通过专用模具进行镦粗,常使用压床、手压床或采用锤子手工锤击,作用力的方向应与塑性变形的方向垂直(图 4-5)。采用镦粗法进行修复,零件被压缩后的缩短量不应超过其原高度的 15%,承载较大的零件则不应超过其原高度的 8%。为使镦粗均匀,零件高度与直径的比例不应大于 2,否则不宜采用这种方法。

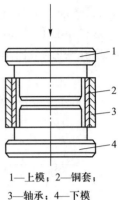

1—上模;2—铜套;
3—轴承;4—下模

图 4-5 铜套的镦粗

2. 扩张法

扩张法通过扩大零件的孔径从而增大其外径尺寸,或将不重要部位的金属扩张到磨损部位,使其恢复原来的尺寸。例如,空心活塞销外圆磨损后,一般用镀铬法恢复。但当没有镀铬设备时,可用扩张法恢复。活塞销的扩张既可在热态下进行,也能在冷态下进行。扩张法主要应用于外径磨损的套筒类零件。

3. 缩小法

与扩张法相反,缩小法是通过模具挤压零件外径来缩小内径尺寸的一种恢复方法。缩小法主要用于套筒类零件内径尺寸的修复。

4. 压延法

压延法又称模压法,它是将零件加热到 $800 \sim 900\,℃$ 之后,立即放入专用模具中,在压力机的作用下使上模向下移动,达到零件成形的一种修复方法。例如,圆柱齿轮齿部磨损后,可在热态下通过压延使齿部胀大,然后加工齿形并进行热处理。

5. 校正法

校正法是利用外力或火焰使发生弯曲、扭曲等变形的零件产生新的塑性变形,从而消除原有变形的方法。校正法分为冷校法和热校法,而冷校法又分压力校正法与冷作校正法。

4.2.7　再制造表面涂层切削加工技术

对于磨损后尺寸超差的零件来说,为了达到尺寸恢复或性能强化的目的,可以在磨损的表面上采用喷涂、堆焊、激光熔覆等表面技术,使其具有一层耐磨涂层,然后对该涂层进行切削加工,恢复零件的原始尺寸精度、表面粗糙度等。因此,再制造件表面涂层的切削加工,既是再制造技术的重要组成部分,也是零件再制造机械加工中不可缺少的部分。下面介绍几种典型涂层的切削加工。

1. 再制造涂层的车削加工

采用堆焊方法获得零件磨损表面的尺寸恢复层(称堆焊层)是一种常用的再制造技术。堆焊层的金属性质虽然主要取决于堆焊焊条的材料,但由于通过堆焊获得的恢复层的厚度大且不均匀、表面硬化及层内组织的改变等原因,堆焊层的切削加工性变差,需要在切削加工时充分考虑和注意。

(1)低合金钢堆焊层的车削

低合金钢堆焊层的特性为:堆焊焊条的碳含量不同,所得到的堆焊层的硬度也不同,根据硬度不同堆焊层可分为中硬度和高硬度堆焊层。在零件再制造中使用最广泛的是中硬度堆焊层。中硬度堆焊层是堆焊时在一般的冷却速度下形成的,堆焊层的组织为珠光体加上少量的铁素体,当冷却速度较高时,将出现马氏体。为了避免马氏体的出现,便于切削加工,应注意降低冷却速度,如采用保温冷却等措施。

中硬度堆焊层的硬度为 200~350 HBW(如 EDPMn2-15 焊条堆焊层的硬度一般为 250 HBW,EDPCrMo-Al 焊条堆焊层的硬度一般为 350 HBW)。堆焊金属中的 Cr、Mn 等合金元素将溶于铁素体,起固溶强化作用,并能使渗碳体合金化,使堆焊层具有一定的硬度和耐磨性能,以及较好的抗冲击性能。

刀具材料的选择方法为:堆焊层具有一定的硬度和耐磨性能,对其进行切削加工时会产生较大的振动与冲击。为保证加工时不致损坏刀具并保证一定的刀具耐用度,根据目前常用刀具材料的切削性能与特点,粗加工时可以选用硬质合金 K30、P30、M10 等。这些刀具材料的韧性较好,抗弯强度较高,加工时不易崩刃。精加工时,除要求刀具具有较好的耐磨性外,还要求能承受粗加工后遗留下来的硬质点、气孔、砂眼等的冲击与振动,此时可选用硬度较高、耐磨性较好的硬质合金 P10。

(2)高锰钢堆焊层的车削

高锰钢堆焊层(锰的质量分数为 11%~14%)因加工硬化严重和导热性能差,属于很难切削加工的堆焊层。高锰钢堆焊层的金相组织为均匀的奥氏体,其原始硬度虽不高,但塑性、韧性特别好。在切削加工过程中,塑性变形使奥氏体转变为细晶粒马氏体,硬度由原来的 180~220 HBW 提高到 450~500 HBW,并且在表面上还会形成高硬度的氧化层。另外,高锰钢堆焊层的热导率很小,约为 45 钢热导率的 1/4,因此切削温度很高,并且其切削力约比切削 45 钢增大 60%,因此,其切削加工性很差。切削高锰钢堆焊层时,宜选用抗弯强度和韧性较高的硬质合金。粗加工时,可选用 M10、M20、K15 硬质合金;精加工时,可选用 P20、K15 等硬质合金。

(3)不锈钢堆焊层的车削

不锈钢堆焊层多采用 06Cr18Ni11Ti 焊条堆焊而得,金相组织为奥氏体。奥氏体组织塑性大,容易产生加工硬化。此外热导率也很小(约为 45 钢的 1/3),所以不锈钢堆焊层也较难切削。

P 类硬质合金刀具不宜用于加工不锈钢堆焊层,因其中的钛元素易与工件材料中的钛元素发生亲和而导致冷焊,加剧刀具磨损。所以,一般宜采用 K 类或 M 类硬质合金刀具,也可采用高性能高速钢刀具。

2. 再制造涂层的磨削加工

磨削主要适用于外圆、内圆、平面以及各种成形表面(齿轮、螺纹、花键等)的精加工。因为磨削方法可以获得高的精度与低的表面粗糙度,所以通常采用磨削来进行热喷涂涂层的精加工。对于高硬度热喷涂涂层来说磨削加工比较困难,主要有以下两个原因:

(1)砂轮容易迅速变钝而失去切削能力。砂轮迅速变钝的主要原因是砂轮砂粒被磨钝、破碎和砂轮"塞实"。这表现在磨内孔时更为突出,因磨削内孔时砂轮的直径受孔径大小的限制,不像磨外圆时可采用较大直径的砂轮。因此,在同一时间内砂粒切削次数相对增多,磨损加剧,造成砂轮耐用度降低。

(2)大的径向分力会引起加工过程的振动,以及磨削热容易烧伤表面并使加工表面产生裂纹等,这些都会影响加工表面质量以及限制磨削用量的提高。所以,大多采用人造金刚石砂轮和立方氮化硼砂轮对高硬度热喷涂涂层进行磨削。

3. 再制造涂层的特种加工技术

（1）电解磨削

电解磨削是利用电解液对被加工金属的电化学作用（电解作用）和导电砂轮对加工表面的机械磨削作用，达到去除金属表面层的一种加工技术。电解磨削热喷涂涂层具有生产率高、加工质量好、经济性好、适应性强以及加工范围广等特点，是加工难加工热喷涂涂层新的加工方法。

电解液是电解磨削工艺中影响生产率及加工质量的极其重要的因素。在实际生产过程中，应针对不同产品的技术要求和不同材料选用最佳的应用于电解磨削的电解液。试验表明，电解磨削难加工热喷涂涂层，以磷酸氢二钠为主要成分的电解液有较好的磨削性能。

电解磨削的机床可采用专用的电解磨床或由普通磨床、车床改装而成。电解磨削用的直流电源要求电压可调（5~20 V）并具有较硬的外特性，最大工作电流根据加工面积和所需生产率可选用 10~1 000 A 不等。供应电解液的循环泵一般用小型离心泵，并需配置过滤和沉淀电解液杂质的装置。电解液的喷射一般采用管子和喷嘴，喷嘴接在管子上，向工作区域喷注电解液。内圆磨头由高速砂轮轴与三相交流电动机组成。制订电解磨削工艺参数时可参考如下因素：

1）砂轮的工艺参数。砂轮可采用金刚石青铜黏合剂的导电砂轮，也可采用石墨、渗银导电砂轮。砂轮速度 $v=15 \sim 20$ m/s，轴向进给量 $f_a=0.5 \sim 1$ m/min（磨内外圆），$f_a=10 \sim 15$ m/min（磨平面），工件速度 $v_w=10 \sim 20$ m/min，径向进给量 $f_r=0.05 \sim 0.15$ mm（双行程）。

2）电压、电流规范。粗加工时，电压为 8~12 V，电流密度为 20~30 A/cm²；精加工时，电压为 6~8 V，电流密度为 10~15 A/cm²。

在应用以上工艺参数时，如果发现磨削表面出现烧黑现象，则应降低电压或减小径向进给量，增大轴向进给量。

（2）超声振动车削

超声振动车削是使车刀沿切削速度方向产生超声高频振动进行车削的一种加工技术，在切削时其与普通车削的根本区别在于：超声振动车削刀刃与被切削金属形成分离切削，即刀具在每一次振动中仅以极短的时间便完成一次切削与分离；而普通车削时，刀刃与被切削金属则是连续切削的，刀刃与被切削金属没有分离。所以，超声振动车削的机理不同于普通车削。

超声振动车削过程的主要特点是切削力与切削热均比普通车削小得多，切削力约为普通车削的 1/20~1/3，切削热约为普通车削的 1/10~1/5，这是超声振动车削能获得高的加工精度、好的表面质量的基本原因。

试验表明，超声振动车削难加工热喷涂涂层时要求刀具的刀刃和刀尖必须具有较高的强度和耐磨性，刀具材料和刀具几何参数选择应符合这一要求。

1）刀具材料。P10、M20 等硬质合金刀具材料在加工难加工 Ni60 喷涂层时，均有较好的切削性能。对于 Al_2O_3 等陶瓷喷涂层则要采用立方氮化硼刀具，其耐用度达到较好的实用程度，并且使用寿命比普通车削时高。

2）刀具几何参数。为了使刀刃有较高的强度，一般前角选 $\gamma_o=0°$；为了减少摩擦，一般后角选 $\alpha_o=8° \sim 12°$；为了增强刀尖强度，主偏角 κ_r 与副偏角 κ'_r 均可取小值，刀尖圆弧半径 r_ε 可取较大值，以便增强刀尖强度，一般选 $r_\varepsilon=2 \sim 3$ mm。

农机装备零件，无论采用哪一种再制造机械加工技术，最主要的原则就是保证再制造恢复后的零件尺寸及性能满足再制造产品的装配质量要求,并能保证再制造产品能够正常使用一个寿命周期以上。

4.3 农机装备再制造表面加工技术

4.3.1 表面镀层再制造技术

1. 电镀技术

电镀是一种用电化学方法在镀件表面沉积所需形态的金属覆层的技术。电镀的目的是改善材料的外观,提高材料的各种物理、化学性能,赋予材料表面特殊的耐蚀性、耐磨性、装饰性、焊接性及电、磁、光学性能等。为达到上述目的,镀层仅需几微米至几十微米厚。电镀工艺设备较简单,操作条件易于控制,镀层材料广泛,成本较低,因而在工业中广泛应用,也是机件表面再制造的重要技术方法。

不同成分及不同组合方式的镀层具有不同的性能。如何合理选用镀层,其基本原则与通常的选材原则大致相似。首先要了解镀层应具备的使用性能,然后按照零件的服役条件、使用性能要求以及基材的种类和性质选用适当的、相匹配的镀层。对于阳极性或阴极性镀层,特别是当镀层与不同金属零件接触时,更要考虑镀层与接触金属的电极电位差对耐蚀性的影响,或摩擦副是否匹配。另外要依据零件加工工艺选用适当的镀层,例如铝合金镀镍层,镀后常需通过热处理提高铝合金基材与镀镍层的结合力。但对于时效强化铝合金,镀后热处理将会造成过时效。此外,还要考虑电镀工艺的经济性。

镀铬是用电解法修复零件的最有效的方法之一。它不仅可修复磨损表面的尺寸,而且能改善零件的表面性能,特别是提高表面的耐磨性。其一般工艺如下:

1) 镀前准备。进行机械加工,绝缘处理;以及脱脂和除去氧化皮。

2) 电镀。装挂具将零件吊入镀槽进行电镀,根据镀铬层要求选定镀铬规范,按时间控制镀层厚度。

3) 镀后加工及处理。镀后首先检查镀层质量,测量镀后尺寸。不合格时,用酸洗或反极退镀,重新电镀。通常镀后要进行磨削加工。当镀层较薄时,可直接镀到尺寸要求;对镀层过厚的重要零件应进行热处理,以提高镀层的韧性和结合强度。

镀铬的一般工艺虽得到了广泛应用,但因存在电流效率低、沉积速度慢、工作稳定性差、生产周期长、需经常分析和校正电解液等缺点,所以研究发展了以下新的镀铬工艺。

1) 快速镀铬。快速镀铬是通过改变电解液的成分,加大电流密度而发展出的一种电镀工艺。一种快速镀铬工艺是采用比标准镀铬溶液中三氧化铬浓度低得多的电解液镀铬,即低铬镀铬。其电流效率较高,电解液稳定,镀层晶粒细密、光亮、结合强度及硬度高。另一种快速镀铬工艺是在电解液中加入某些阴离子或金属盐镀铬,即复合镀铬,它可以提高电流效率、铬层质量,减少气孔。还有一种快速镀铬工艺是采用质量比为 200∶1 的三氧化铬和硫酸,再加入 5 g/L 的氟硅酸,制成阴极电流效率较高的快速镀铬溶液,收到了较好的效果。

2) 无槽镀铬。无槽镀铬是在辅助容器内或零件本身中空部位注入少量流动的电解液进行电镀,该镀铬工艺适用于大轮廓的零件。

3）喷流镀铬。喷流镀铬是用电解液喷流来进行电镀的,该镀铬工艺可减少零件的绝缘工作,便于随时检查镀层质量。

4）三价铬镀铬。三价铬镀铬的电解液以氯化铬为主盐,还含有氯化铵、氯化钠、硼酸、二甲基甲酰胺等材料,采用石墨作阳极。三价铬镀铬的最大优点是毒性小、无有害气体产生,另外其均镀能力较好,工艺简单,无特殊要求,不受电流中断的影响,镀层耐腐蚀性能也比六价铬镀层高。缺点是经济性不好、镀层厚度小,只能在 3 μm 以下,仅适用于装饰性镀铬,还不能用于硬质镀铬。

5）快速自调镀铬。快速自调镀铬是用有限溶解盐硫酸锶和氟硅酸钾代替硫酸,加入铬酸溶液而配成自动调节电解液,解决普通硫酸镀铬存在的问题。这种新工艺的优点如下:生产率高,电流效率可达 17%～24%,镀层厚度达 1 mm 或更大,物理性能和力学性能优异;当电解液成分改变、电流密度和温度有很大波动时,仍能获得高质量的镀铬层;成本低。

2. 化学镀技术

化学镀是指在没有外电流通过的情况下,利用化学方法使溶液中的金属离子被催化还原为金属,并沉积在经活化处理的基体表面而形成镀层的一种表面技术。化学镀靠基体的自催化活性起镀,利用溶液中的还原剂将金属离子还原为金属原子并沉积在基体表面形成镀层,无需外加电流作用,所以化学镀又称为无电镀或不通电镀。化学镀过程中还原金属离子所需的电子由还原剂供给,其金属沉积过程是纯化学反应。

化学镀工艺包括镀前预处理、施镀操作和镀后处理。镀前预处理一般包括除锈、除油、清洗、活化和化学镀镍等。根据镀层使用目的不同,其镀后处理包括清洗、干燥、除氢、热处理、打磨抛光、钝化、活化等不同步骤。化学镀施镀过程中,必须严格控制镀液成分和施镀工艺参数。化学镀技术的核心是镀液。

采用化学镀首先获得成功的是镀单金属镍、钴;然后是镀金、银、铜和铂族金属,如铂、钯、铑等;再次是镀具有特殊用途的钢、锡等。有些元素,如磷、钒、铬、锰、铁、锌、钼、镉、钨、铼、铊、铅等,虽然不能单独析出,但是可以通过诱导共析。若把这些金属元素相互组合,用化学镀技术可以获得更多种类的合金镀层。其中,只有能与非金属共沉积的极少的合金镀层结构为非晶态,如 Ni-P 和 Ni-B 合金。近年来,又发展了化学复合镀,如制备含有微米颗粒或纳米颗粒的镍基或铜基等化学复合镀层,扩大了化学镀的应用领域。

3. 电刷镀技术

电刷镀是电镀的一种特殊方式,不需镀槽,只需要在不断供给电解液的条件下,用一支镀笔在工件表面上进行擦拭,从而获得电镀层。所以,电刷镀又称无槽电镀和涂镀。

电刷镀是在金属零件表面局部快速电化学沉积金属的新技术,图 4-6 为其基本原理示意图。转动的零件接直流电源负极,正极与镀笔相接。镀笔通常采用高纯细石墨块作阳极材料,石墨块外面包裹上棉花和耐磨的涤棉套。用脱脂棉包住镀笔端部的不溶性石墨电极,电刷镀时使浸满镀液的镀笔以一定的相对

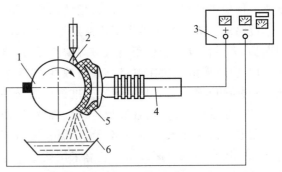

1—零件;2—镀液;3—电源;4—镀笔;
5—脱脂棉;6—容器

图 4-6　电刷镀基本原理示意图

运动速度在零件表面上移动,并保持适当的压力。这样,在镀笔与零件相接触的部位,镀液中的金属离子在电场力的作用下扩散到零件表面,并在零件表面获得电子从而被还原成金属原子,这些金属原子沉积结晶就形成了镀层。随着电刷镀持续进行,镀层增厚,厚度可达 0.01 mm ~ 0.5 mm。

4. 纳米复合电刷镀技术

纳米复合电刷镀技术是指采用电刷镀技术进行产品再制造时,把具有特定性能的纳米颗粒加入镀液中,获得纳米颗粒弥散分布的复合镀层,从而提高产品零件的表面性能。

纳米复合电刷镀技术的基本原理与普通电刷镀技术相似,只是进行纳米复合电刷镀时采用的是复合镀液。在镀笔与零件接触的部位,复合镀液中的金属离子在电场力的作用下扩散到零件表面,并在零件表面获得电子从而被还原成金属原子,这些金属原子在零件表面沉积结晶,形成复合镀层的金属基体相。复合镀液中的纳米颗粒在电场力的作用下或在络合离子挟持作用下沉积到零件表面,成为复合镀层的颗粒增强相。纳米颗粒与金属发生共沉积,形成复合镀层。随着纳米复合电刷镀时间的增长,复合镀层逐渐增厚。

4.3.2　表面涂层再制造技术

1. 热喷涂技术

热喷涂是指利用热源将金属或非金属材料熔化、半熔化,并以一定速度喷射到设备或其零部件表面形成涂层的技术。在喷涂过程中,熔融状粒子撞击基体表面后铺展成薄片状,并瞬间冷却凝固,后续颗粒不断撞击到先前形成的薄片上从而堆积形成涂层。热喷涂是产品再制造的一个重要手段,不仅可以恢复产品零件的尺寸,还可以显著提高零件的表面性能,已经广泛应用于设备零件的再制造与维修中,产生了显著的综合效益。

根据采用的热源不同,热喷涂可按如下分类:以燃烧火焰为热源,包括火焰喷涂、爆炸喷涂、超声速火焰喷涂和塑料喷涂等;以电弧为热源,包括电弧喷涂、高速电弧喷涂等;以等离子弧为热源,包括大气等离子喷涂、超声速等离子喷涂、低压等离子喷涂(真空等离子喷涂)和水稳等离子喷涂等;利用其他热源,包括线爆喷涂、激光喷涂、冷喷涂等。热喷涂涂层通常为层状结构,存在孔隙、不完全熔融粒子、氧化膜等,并有残余应力。

热喷涂的材料按形状分类,包括粉末材料、线材(也称丝材)、带材、棒材;按成分分类,包括金属、陶瓷、有机物、复合材料等;按功能分类,包括耐磨损、耐热、抗氧化、耐腐蚀等功能涂层材料。

热喷涂的工艺过程如下:表面预处理,包括表面净化、预加工、粗化等;应用各种喷涂方法进行喷涂;涂层后处理,包括封孔处理、机械加工、热处理等。

以粉末喷涂为例,热喷涂过程中喷涂材料大致经过如下过程:加热→加速→熔化→再加速→撞击基体→冷却凝固→形成涂层,整体过程可近似地分成 3 个阶段:

1)喷涂材料被加热、加速、熔化。

2)熔化的材料被热气流雾化,进一步加速形成粒子流;熔化的粒子与周围介质发生作用。

3)粒子在基体表面上发生碰撞、变形、凝固和堆积。

选用喷涂材料时要考虑加热温度、速度、零件材料、粉末粒度、能源种类、喷枪构造、送粉方式等多种因素。

2. 高速电弧喷涂技术及高速射流电弧喷涂技术

高速电弧喷涂是以电弧为热源,将熔化的金属线材用高速雾化气流雾化,并以高速喷射到工件表面而形成涂层的一种技术,图4-7为高速电弧喷涂原理示意图。该技术可赋予工件表面优异的耐磨、防腐、防滑和耐高温等性能,在机械产品修复和再制造领域中获得广泛的应用。

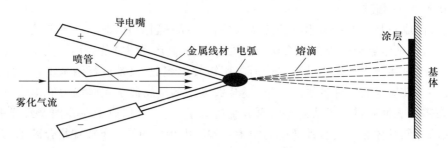

图4-7 高速电弧喷涂原理示意图

高速射流电弧喷涂是利用新型拉瓦尔喷管设计和改进喷涂枪,采用高压空气流作雾化气流,可加速熔滴的脱离,使熔滴加速度显著增加并提高电弧的稳定性。

3. 氧乙炔火焰喷涂技术

氧乙炔火焰喷涂技术是以氧乙炔火焰作为热源,将喷涂材料加热到熔化或半熔化状态,高速喷射到经过预处理的基体表面上,从而形成具有一定性能涂层的技术。其喷涂材料包括线材(或棒材)和粉末材料两种。

图4-8为氧乙炔火焰线材喷涂原理示意图,它以氧乙炔火焰作为加热金属线材的热源,使金属线材端部连续被加热达到熔化状态,借助压缩空气将熔化状态的线材金属雾化成微粒,喷射到经过预处理的基体表面而形成牢固结合的涂层。氧乙炔火焰线材喷涂与粉末喷涂相比,装置简单、操作方便、容易实现连续均匀送料、喷涂质量稳定、喷涂效率高、耗能少、涂层氧化物夹杂少、气孔率低、对环境污染小。可用于在大型钢铁构件上喷涂锌、铝或锌合金、铝合金,制备长效防护涂层;在机械零件上喷涂不锈钢、镍铬合金及有色金属等,制备防腐蚀涂层;在机械零件上喷涂碳钢、铬钢、钼钢等,用于恢复尺寸并赋予零件表面以良好的耐磨性。

图4-9为氧乙炔火焰粉末喷涂原理示意图,喷枪通过气阀分别引入乙炔气体和氧气,经混合后,从喷嘴环形孔或梅花孔喷出,产生燃烧火焰。喷枪上设有粉斗或进粉管,利用送粉气流产生的负压与粉末自身重力作用抽吸粉斗中的粉末,使粉末颗粒随气流从喷嘴中心进入火焰,粒子被加热熔化或软化成为熔融粒子,焰流推动熔滴以一定速度撞击在基体表面形成扁平粒子,不断沉积形成涂层。为了提高熔滴的速度,有的喷枪设置有压缩空气喷嘴,由压缩空气给熔滴以附加的推动力。与喷枪分离的送粉装置借助压缩空气或惰性气体,通过软管将粉末送入喷枪。

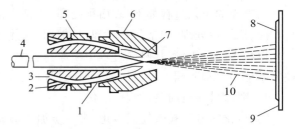

1—空气通道;2—乙炔气体;3—氧气;4—线材或棒材;
5—气体喷嘴;6—空气罩;7—燃烧火焰;8—涂层;
9—基体;10—喷涂射流

图4-8 氧乙炔火焰线材喷涂原理示意图

4. 超声速等离子喷涂技术

超声速等离子喷涂是在高能等离子喷涂

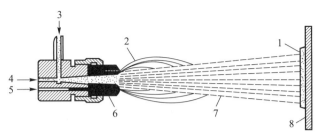

1—涂层；2—燃烧火焰；3—粉末；4—氧气；5—乙炔气体；
6—喷嘴；7—喷涂射流；8—基体

图 4-9　氧乙炔火焰粉末喷涂原理示意图

（功率为 80 kW 级）的基础上,利用非转移型等离子弧与高速气流混合时出现的"扩展弧"得到稳定聚集的超声速等离子射流而进行喷涂的技术。采用超声速等离子喷涂技术制备微纳米结构耐磨涂层及功能涂层具有广阔的应用前景。

5. 表面黏涂技术

表面黏涂技术是指以高分子聚合物与特殊填料（如石墨、二硫化钼、金属粉末、陶瓷粉末和纤维等）组成的复合材料胶黏剂涂覆于零件表面,实现特定用途（如耐磨、抗蚀、绝缘、导电、保温、防辐射及其复合等）的一种表面工程技术。

表面黏涂技术工艺简单,不会使零件产生热影响区和变形,可以用来修补有爆炸危险（如井下设备、储油及储气管道）的失效零件。该技术安全可靠,无需专门设备,可现场作业,再制造周期短,节省工时,有效地提高了生产率,是一种快速价廉的再制造技术,有着十分广阔的应用前景。

表面黏涂工艺分为下述步骤:

1）初清洗。初清洗主要是除掉待恢复表面的油污、锈迹,以便测量、制订黏涂恢复工艺和预加工。初清洗步骤为:在汽油、柴油或煤油中先进行粗洗,最后用丙酮清洗。

2）预加工。为了保证零件的恢复表面有一定厚度的涂层,在涂胶前必须对零件进行机械加工,零件的待修表面的预加工厚度一般为 0.5~3 mm。为了有效地防止涂层边缘损伤,待黏涂面加工时,两侧应留有宽度为 1~2 mm 的边缘。为了增强涂层与基体的结合强度,被黏涂面应加工成"锯齿形",带有齿形的粗糙表面可以增加黏涂面积,提高黏涂强度。

3）最后清洗及活化处理。最后可用丙酮进行清洗。有条件时可以对黏涂表面喷砂,进行粗化活化处理,彻底清除表面氧化层。也可进行火焰处理、化学处理等,以提高黏涂表面活性。

4）配胶。黏涂材料即胶黏剂通常由两个组分组成。为了获得最佳效果,必须按比例配制。黏涂材料在完全搅拌均匀之后,应立即使用。

5）黏涂涂层。涂层的施工有刮涂法、刷涂压印法、模具成形法等。

6）固化。涂层的固化反应速度与环境温度有关,温度高时固化快。一般涂层在室温固化时需 24 h,达到最高性能需 7 天;若加温到 80℃固化,则只需 2~3 h。

7）修整、清理或后加工。不需后续加工的涂层可用锯片、锉刀等修整零件边缘多余的黏涂材料。涂层表面若有大于 1 mm 的气孔,则先用丙酮清洗干净,再用胶进行修补,固化后晾干。

对于需要后续加工的涂层来说,可用车削或磨削的方法进行加工,以达到恢复尺寸和精度的目的。

4.3.3　表面覆层再制造技术

1. 焊接技术

通过加热或加压,或两者并用,再加入或不加入填充材料,使焊件连接在一起的方法称焊接。根据热源不同焊接可分为电弧焊、气焊等,而根据焊接工艺的不同焊接可分为焊补、堆焊、钎焊等。

(1) 铸铁件的焊补

铸铁件在农机装备零件中所占的比例较大,且多数为重要的基础件。由于铸铁件大多体积大,结构复杂,制造周期长,有较高精度要求,且无备件,一旦损坏很难更换,所以,焊接是铸铁件修复与再制造的主要方法之一。

铸铁焊接性较差,在焊接过程中可能产生热裂纹、气孔、白口组织及变形等缺陷。对铸铁件进行焊补时,应采取一些必要的技术措施以保证焊接质量,如选择性能好的铸铁焊条、做好焊前准备工作(如清洗、预热等)、控制冷却速度、焊后要缓冷等。

铸铁件的焊补主要应用于裂纹、破断、磨损、气孔和熔渣等缺陷的修复。焊补的铸铁件主要是灰铸铁件,白口铸铁件则很少应用。铸铁件的焊补分为热焊和冷焊两种,应根据铸铁件外形、强度、加工性和工作环境等条件进行选择。

1) 热焊。热焊是指焊前对工件进行高温预热(高温铸铁件呈暗红色,温度一般为 600 ~ 700℃),焊后加热、保温、缓冷。用电弧焊或气焊均可达到满意的效果,特别适用于形状复杂的铸铁件毛坯或在加工过程中发现铸铁件有铸造缺陷时的修复,也适用于精度要求不太高或焊后可通过机械加工修整达到精度要求的铸铁件的修复与再制造。

2) 冷焊。冷焊是在不对铸铁件预热或预热温度低于400℃的情况下进行的焊补,一般采用手工电弧焊或半自动电弧焊。冷焊操作简便,劳动条件好,施焊的时间较短,应用范围广泛,一般铸铁件多采用冷焊。冷焊工艺如下:① 焊前准备,即了解零件的结构、尺寸、损坏情况及原因、组织状态、焊接操作条件、应达到的要求等情况,决定再制造方案及措施。② 清洗表面。③ 检查损伤情况,对未断件应找出裂纹的端点位置,钻止裂孔。④ 对断裂零件合拢夹固、点焊定位。⑤ 坡口制备,一般开 V 形坡口,薄壁件开较浅的尖角坡口。⑥ 烘干焊条,工件火烤脱脂。⑦ 低温预热工件,小件用电炉均匀预热至 50 ~ 60℃,大件用氧乙炔焰虚火对焊接部件进行较大面积的烘烤。⑧ 进行施焊。施焊时要采用小电流、分段、分层、锤击工艺,以减小焊接应力和变形,并限制基体金属成分对焊缝的影响。以上是冷焊的工艺要点。采用手工气焊施行冷焊时应注意采用"加热减应"焊补。"加热减应"又称"对称加热",就是在焊补时,另外用焊炬对焊件已选定的部位进行加热,以减少焊接应力和变形,这个加热部位就称"减应区"。用"加热减应"焊补的关键在于确定合适的"减应区","减应区"在加热或冷却时应不影响焊缝的膨胀和收缩,它应选在零件棱角、边缘和加强肋等强度较高的部位。⑨ 焊后处理。为缓解内应力,焊后工件必须保温和缓慢冷却,并清除焊渣,检查质量。

铸铁件常用的焊补方法见表 4-3。

(2) 有色金属件的焊补

农机装备中常用的有色金属有铜及铜合金、铝及铝合金等,因其导热性好、线膨胀系数大、熔点低、在高温状态下脆性较大及强度低、易氧化,所以焊接性差,焊补比较复杂和困难。

1)铜及铜合金件的焊补。在焊补过程中,铜及铜合金件易氧化而生成氧化亚铜,使焊缝的塑性降低,促使裂纹产生。铜及铜合金件的热导率大,比钢的热导率大 5~8 倍,焊补时必须采用能量密度高而集中的热源。铜及铜合金件的线膨胀系数大,焊件易变形,内应力增大。另外,焊接过程中合金元素的氧化、蒸发和烧损可改变合金成分,引起焊缝力学性能降低,产生热裂纹、气孔、夹渣等缺陷。铜及铜合金件在液态时能溶解大量氢气,冷却时过剩的氢气来不及析出而在焊缝熔合区形成气孔,这是铜及铜合金件焊补后常见的缺陷之一。焊补时必须做好焊前准备,对焊丝和焊件进行表面清理,开 60°~90°的 V 形坡口。施焊时要注意预热,一般预热温度为 300~700℃;注意焊补速度,遵守焊补规范并锤击焊缝。采用气焊时选择合适的火焰,一般采用中性焰,采用电弧焊时则要考虑焊法。另外焊后要进行热处理。

2)铝及铝合金件的焊补。铝及铝合金件比铜及铜合金件更易氧化,生成致密难熔的氧化铝薄膜,其熔点很高,焊补时很难熔化,阻碍基体金属(又称母材)的熔合,易造成焊缝金属夹渣,降低力学性能及耐蚀性。铝及铝合金件的吸气性大,液态时能溶解大量氢气,快速冷却及凝固时,氢气来不及析出而产生气孔。铝及铝合金件的导热性好,需要能量密度高而集中的热源。铝及铝合金件的热胀冷缩现象严重,易产生变形。铝及铝合金件在固液态转变时无明显的颜色变化,因此焊补时不易根据颜色变化来判断熔池的温度。铝及铝合金件在高温下强度很低,焊补时易引起塌落和焊穿。

(3)钢件的焊补

对钢件进行焊补主要是为了修复裂纹和补偿磨损尺寸。由于钢的种类繁多,所含的各种元素在焊补时都会对焊接性产生一定的影响,因此钢件的焊接性差别很大,其中以碳含量的变化最为显著。低碳钢和低碳合金钢在焊补时发生淬硬的倾向较小,有良好的焊接性;随着碳含量的增加,焊接性降低;高碳钢和高碳合金钢在焊补后因温度降低,易发生淬硬倾向,并由于焊接区氢气的渗入,马氏体产生脆化,易形成裂纹。焊补前的热处理状态对焊补质量也有影响,碳含量或合金元素含量很高的材料都需经热处理后才能使用,损坏后如不经退火就直接进行焊补则比较困难,易产生裂纹。

表 4-3　铸铁件常用的焊补方法

焊补方法		要点	优点	缺点	适用范围
气焊	热焊	焊前预热到 650~700℃,保温缓冷	焊缝强度高,裂纹、气孔少,不易产生白口组织,易于修复加工,成本较低	工艺复杂,加热时间长,焊件容易产生变形,准备工序的成本高,修复周期长	焊补非边角部位,以及对焊缝质量要求高的场合
	冷焊	不预热,焊接过程中采用"加热减应"法	不易产生白口组织,焊缝质量好,基体温度低,成本低,易于修复加工	要求焊工技术水平高,对结构复杂的零件难以进行全方位焊补	适用于焊补边角部位

续表

焊补方法		要点	优点	缺点	适用范围
电弧焊	热焊	用钢芯石墨化焊条，焊前预热到400~500℃	焊缝强度与基体相近	工艺较复杂，切削加工性不稳定	用于大型铸件，或缺陷位于中心部位而四周刚度大的场合
		用铸铁芯焊条，预热、保温、缓冷	焊后易于加工，焊缝性能与基体相近	工艺复杂，焊件易产生变形	应用范围广泛
	冷焊	用铜铁焊条冷焊	焊件变形小，焊缝强度高，焊条便宜，劳动强度低	易产生白口组织，切削加工性差	用于焊后不需加工的凝结零件，应用广泛
		用镍基焊条冷焊	焊件变形小，焊缝强度高，焊条便宜，劳动强度低，切削加工性能极好	要求严格	用于零件的重要部位或薄壁件的修补，焊后需加工
		用纯铁芯焊条或低碳钢芯铁粉型焊条冷焊	焊接工艺性好，焊接成本低	易产生白口组织，切削加工性差	用于非加工面的焊接
		用高钒焊条冷焊	焊缝强度高，加工性能好	要求严格	用于对焊补强度要求较高的厚件及其他部件

（4）氧乙炔火焰堆焊

氧乙炔火焰堆焊的设备可以与气焊和气割设备通用，其与气焊和气割设备的主要区别是焊炬不同。堆焊焊炬可以根据堆焊材料的形状设计成不同的形式，若堆焊材料为线（丝）或棒，则堆焊焊炬的喷嘴比气焊焊炬喷嘴稍大即可；若堆焊材料为粉末，堆焊焊炬还应具有送粉功能，结构上变动较大。氧乙炔火焰堆焊的最大特点是设备简单，移动方便，便于现场操作。由于能量密度较低，堆焊过程中母材的熔深可以控制在 0.1 mm 以下，因此可以获得较低的稀释率，很容易保证堆焊金属的设计成分，这在堆焊与母材合金成分差别较大且含贵金属元素的堆焊材料时十分重要。

氧乙炔火焰堆焊方法一般采用手工操作，劳动强度大。气体火焰的温度比电弧温度低，加热速度缓慢，熔覆速度较低，不适用于高效率的大面积堆焊。当要求得到高质量的堆焊层时，对焊工的操作技能要求很高。所以，主要在批量不大的中、小型零件上进行小面积的氧乙炔火焰堆焊。目前，氧乙炔火焰堆焊在阀门、犁铧等各种农机具的堆焊中得到了广泛应用。

（5）焊条电弧堆焊

焊条电弧堆焊是手工操作堆焊焊条，在电弧作用下焊条熔化并在母材表面形成堆焊层的堆焊方法。铁基、镍基、钴基、铜基等常用的堆焊材料都可以采用焊条电弧堆焊方法。

焊条电弧堆焊的设备便宜、轻便、通用性好，特别适用于现场堆焊。由于堆焊过程是在焊工的直接观察和操纵下进行的,因而可达性好、灵活性大,适用于形状不规则的零件的堆焊。但堆焊质量取决于焊工的水平,对焊工的操作技术要求较高。焊条电弧堆焊的电弧温度较火焰温度高,能量较集中,零件的变形较小,熔覆速度较高,但熔深较大,稀释率高。焊条电弧堆焊时预热与否要视堆焊材料及基体成分和零件刚度大小而定。由于焊条电弧堆焊的生产率较低且劳动条件差,所以主要用于小批量的难焊零件的堆焊和修复堆焊。

（6）埋弧自动堆焊

埋弧自动堆焊又称焊剂层下自动堆焊,是埋弧自动焊的一种。焊剂层对电弧空间有可靠的保护作用,可以减少空气对堆焊层的不良影响。熔渣的保温作用使熔池内的冶金作用比较完全,因而堆焊层的化学成分和性能比较均匀,堆焊层表面也光洁平直,堆焊层与基体金属结合强度高,并能根据需要选用不同焊丝和焊剂以获得希望的堆焊层。与手工堆焊相比,埋弧自动堆焊劳动条件好,生产率提高 10 倍左右,适用于堆焊修补面较大、形状不复杂的工件。

图 4-10 是埋弧自动堆焊原理示意图,电弧在焊剂下形成。由于电弧的高温放热,熔化的金属与焊剂蒸发形成金属蒸气与焊剂蒸气,在焊剂层下造成密闭的空腔,电弧就在此空腔内燃烧。空腔的上面覆盖着熔化的焊剂层,隔绝了大气对焊缝的影响。由于气体的热膨胀作用,空腔内的蒸气压力略大于大气压力,此压力与电弧的吹力共同把熔化金属挤向后方,加大了基体金属的熔深。与金属一同挤向熔池温度较低部分的熔渣相对密度较小,在流动过程中逐渐与金属分离而上浮,最后浮于金属熔池的上部,因其熔点较低,凝固较晚,故减慢了焊缝金属的冷却速度,使液态时间延长,有利于熔渣、金属及气体之间的反应,可更好地清除熔池中的非金属质点、熔渣和气体,可得到化学成分相近的金属堆焊层。

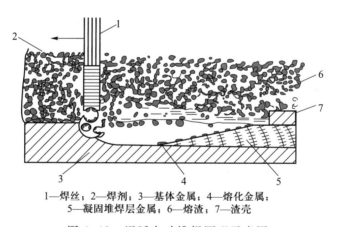

1—焊丝；2—焊剂；3—基体金属；4—熔化金属；
5—凝固堆焊层金属；6—熔渣；7—渣壳

图 4-10　埋弧自动堆焊原理示意图

（7）振动电弧堆焊

熔化极气体保护堆焊是在保护气体的氛围中用可熔化的焊丝与基体金属之间的电弧作为热源,使连续送进的焊丝不断熔化并过渡到基体金属表面形成堆焊层的一种堆焊方法。由于熔化极气体保护堆焊对熔池的保护简单,堆焊区容易观察,焊枪操作方便,生产效率高,便于实现全位置堆焊和堆焊过程的机械化和自动化,因此在生产中被广泛应用。

振动电弧堆焊是熔化极气体保护堆焊的一种特殊类型。这种堆焊过程的实质是焊丝在送进的同时以一定频率和振幅振动,使焊丝与工件周期性短路、放电,焊丝在较低的电压下熔化并稳定地过渡到基体金属表面形成堆焊层。振动电弧堆焊的工作原理见图4-11,堆焊时,焊丝通过送丝机构均匀地送入焊嘴2,焊嘴2受交流电磁铁4和调节弹簧9的作用,其间的振动器使焊丝按一定频率(100 Hz)和振幅(1.0~2.5 mm)振动。为了防止焊丝和焊嘴熔化黏结或在焊嘴上结渣,需向焊嘴供给少量冷却液。焊丝可以在较低的电压下(12~22 V),以较小的熔滴稳定、均匀地沉积到工件表面,得到良好的焊层。振动电弧堆焊的特点是熔深小,堆焊层薄而均匀、耐磨性较好,工件受热少、变形小、生产率高、成本低,故在零件再制造过程中得到了广泛应用。

（8）钎焊

钎焊就是采用比基体金属熔点低的金属材料作钎料,将焊件和钎料加热到高于钎料熔点、低于基体金属熔点的温度,利用液态钎料润湿基体金属从而填充接头间隙,并与基体金属相互扩散实现连接的一种焊接方法。

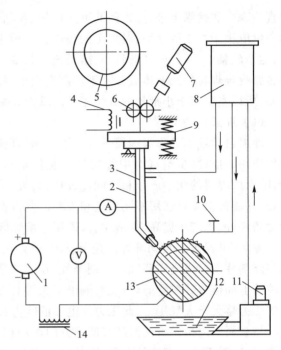

1—电源;2—焊嘴;3—焊丝;4—交流电磁铁;5—焊丝盘;
6—送丝轮;7—送丝电动机;8—水箱;9—调节弹簧;
10—冷却液供给开并;11—水架;12—冷却液沉淀箱;
13—工件;14—电感线圈

图 4-11   振动电弧堆焊原理示意图

根据钎料熔点不同,钎焊可分为两类:① 软钎焊。软钎焊是用熔点低于450℃的钎料进行的钎焊,也称低温钎焊,如锡焊等,常用的钎料是锡铅钎料。② 硬钎焊。硬钎焊是用熔点高于450℃的钎料进行的钎焊。常用的钎料有铜锌、铜磷、银基与铝基钎料等。根据采用的热源不同,钎焊又可分为火焰钎焊、炉中钎焊和高频钎焊等。

（9）微脉冲电阻焊技术

微脉冲电阻焊技术是利用电流通过电阻产生的高温将金属补材施焊到工件母材上。在有电脉冲的瞬时,电阻热在金属补材和母材之间产生焦耳热,并形成一个微小的熔融区,构成微脉冲电阻焊接的一个基本修补单元。在无电脉冲的时段,高温状态的工件依靠热传导将前一瞬间形成的熔融区的高温迅速冷却下来。由于无电脉冲的时间足够长,整个冷却过程完成得十分充分。从宏观上看,在施焊修补过程中,工件在修补区整体温升很小。因此,微脉冲电阻焊是一种"冷焊"技术。

2. 激光再制造技术

激光再制造技术是指应用激光束对废旧零件进行再制造处理的各种激光技术的统称。按激光束对零件材料作用结果的不同,激光再制造技术主要可分为两大类,即激光表面改性技术和激光加工成形技术。激光再制造技术主要针对表面磨损、腐蚀、冲蚀、缺损等零件局部损伤及对尺寸变化进行结构尺寸恢复,同时提高零件服役性能,是先进再制造技术的重要组成部分,对恢复废旧产品核心件并提高零件使用性能具有重要作用,在再制造中日益得到应用。图4-12列出了部分常用的激光再制造技术。

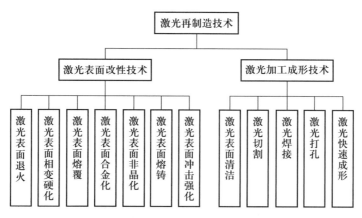

图4-12　部分常用的激光再制造技术

(1) 激光表面熔覆技术

激光表面熔覆是指在被涂覆基体表面上,以不同的添料方式放置选择的涂层材料,经激光辐照使其和基体表面薄层同时熔化,快速凝固后形成稀释度极低、与基体金属成冶金结合的涂层,从而显著改善基体材料表面的耐磨、耐蚀、耐热与抗氧化等性能的工艺方法。它是一种经济效益较高的表面改性技术和废旧零件维修与再制造技术,可以在低性能廉价钢材上制备出高性能的合金表面,以降低材料成本,节约贵重稀有金属材料。按照激光束工作方式的不同,激光表面熔覆技术可以分为脉冲激光表面熔覆和连续激光表面熔覆两种。脉冲激光表面熔覆一般采用钇铝石榴石(YAG)脉冲激光器,连续激光表面熔覆多采用连续波CO_2激光器。激光表面熔覆工艺制订需考虑两方面的问题,即优化和控制激光加热工艺参数和确定熔覆材料以及向工件表面的供给方式。

针对工业中广泛应用的连续激光表面熔覆工艺,需要优化和控制的激光加热工艺参数主要包括激光输出功率、光斑尺寸及扫描速度等。

熔覆材料主要是指形成熔覆层所用的原材料。熔覆材料的状态一般有粉末状、丝状、片状及膏状等,其中粉末状材料应用得最为广泛。目前,激光表面熔覆粉末材料一般采用热喷涂用粉末材料和自行设计开发的粉末材料,主要包括自熔性合金粉末材料、金属与陶瓷复合(混合)粉末材料及各应用单位自行设计开发的合金粉末材料等。所用的合金粉末材料主要包括镍基、钴基、铁基及铜基粉末材料等。表4-4列出了激光表面熔覆部分常用基体材料与熔覆材料。熔覆材料供给方法主要分为预置法和同步法等。

为了使熔覆层具有优良的表面质量、力学性能和成形工艺性能,减小其裂纹敏感性,必须合理设计或选用熔覆材料。在考虑熔覆材料应与基体材料热膨胀系数相近、熔点相近,以及材料润湿性等的基础上,还需对激光表面熔覆工艺进行优化。激光熔覆层质量控制主要是要减少激光表面熔覆层的成分污染、裂纹和气孔以及防止氧化与烧损等,提高熔覆层各项性能。

表 4-4　激光表面熔覆部分常用基体材料与熔覆材料

基体材料	熔覆材料	应用范围
碳钢、铸铁、不锈钢、合金钢、铝合金、铜合金、镍基合金、钛基合金等	纯金属及其合金,如铬、镍、钴、铁基合金等	用于提高工件表面的耐热性、耐磨性、耐蚀性等性能
	氧化物陶瓷,如三氧化二铝、二氧化锆、二氧化硅、三氧化二钇等	用于提高工件表面的绝热性、耐高温性、抗氧化性及耐磨性等性能
	金属、类金属与碳、氮、硼、硅等元素组成的化合物,如碳化钛、碳化钨、碳化硅、碳化硼、氮化钛等并以镍、钴基材料为连接金属	用于提高硬度、耐磨性、耐蚀性等性能

（2）激光表面熔铸技术

激光表面熔铸通常采用预置涂层或喷吹送粉方法在零件表面加入熔铸金属。其利用激光束聚焦能量极高的特点,在瞬间使基体表面微熔,同时使与基体材质相同或相近的熔覆金属粉末全部熔化,激光离去后快速凝固,获得与基体为冶金结合的致密覆层表面,使零件表面恢复几何外形尺寸,而且使表面涂层强化。图 4-13 所示为采用激光表面熔铸技术再制造加工工件,其基本原理和技术实质与激光表面熔覆技术相同。

图 4-13　激光表面熔铸技术
再制造加工工件

4.3.4　表面改性再制造技术

表面改性再制造技术是指采用机械、物理或化学工艺方法,仅改变材料表面、亚表面层的成分、结构和性能,而不改变零件宏观尺寸的技术,是产品表面工程技术和再制造工程技术的重要组成部分。零件经表面改性处理后,既能发挥基体材料的力学性能,又可以提升基体材料的表面性能,使材料表面获得各种特殊性能(如耐磨性,耐腐蚀性,耐高温性,合适的射线吸收、辐射和反射能力,超导性,润滑性,绝缘性,储氢性等)。表面改性再制造技术主要包括表面强化技术、离子注入技术、低温离子渗硫技术、表面化学热处理技术、气相沉积技术、高能束表面处理技术等。

1. 表面强化技术

表面强化技术是指利用热能、机械能等使金属表面层得到强化的表面技术。它不改变材料表面的化学成分,不增加表面尺寸,仅通过改变材料表层的组织和应力状态达到提高材料表面硬度、强度、耐磨损、抗疲劳等性能的目的,主要包括表面形变强化技术和表面相变强化技术。工程中通常把某些涂层技术(如电火花沉积技术等)也归为表面强化技术。

（1）表面形变强化技术

表面形变强化技术是指通过机械手段在金属表面产生压缩变形而形成形变硬化层的技术。表面形变强化后硬化层深度可达 0.5~1.5 mm。硬化层中会产生两种变化。一是亚晶粒细化,位错密度增加,晶格畸变增大;二是形成了高的宏观残余压应力。表面形变强化具有强化效果显著、成本低廉、适应性广等特点。常用的表面形变强化方法主要有滚压、内挤压和喷丸等,其中喷丸表面形变强化应用得最为广泛。

喷丸表面形变强化是利用小而硬的高速弹丸强烈冲击金属零件表面,使之产生形变硬化层的一种表面冷加工工艺。喷丸表面形变强化的主要原理就是工件表面吸收高速运动弹丸的动能后产生塑性流变和加工硬化,同时使工件表面保留残余压应力。喷丸表面形变强化介质通常是圆球形弹丸,主要有铸钢丸、不锈钢丸、玻璃丸、陶瓷丸等。所处理的金属材料不同,选用的弹丸种类也有所区别。影响零部件喷丸表面形变强化效果和表面质量的主要工艺参数包括弹丸粒度、形状和硬度,喷丸强度,表面覆盖率等。

喷丸表面形变强化可显著提高抗弯曲疲劳、抗腐蚀疲劳、抗应力腐蚀疲劳、抗微动磨损和抗点蚀能力,已广泛应用于弹簧、齿轮、轴和叶片等零件,在航空及其他机械设备维修与再制造中得到了推广应用。例如,焊缝及其热影响区一般呈拉应力状态,降低了材料的疲劳强度,采用喷丸表面形变强化处理后,拉应力可以转变成为压应力,从而改善焊缝区域的疲劳强度;钢板弹簧经喷丸表面形变强化后疲劳寿命可延长5倍;喷丸表面形变强化还使钢齿轮的使用寿命大幅度提高,实验证明,汽车齿轮渗碳后再经过喷丸表面形变强化处理,其相对寿命可提高4倍。近年来,喷丸表面形变强化技术获得了新发展,例如利用高频、高能弹丸冲击金属表面可以获得纳米晶表层的表面纳米化技术已成为一个重要的发展方向。

（2）表面相变强化技术

表面相变强化技术又称表面热处理技术,指通过对金属表面快速加热和冷却,改变表层组织和性能而不改变其成分的表面强化技术,是应用最广泛的表面改性技术之一。常用的表面相变强化技术有火焰加热、感应加热、激光束加热、电子束加热、浴炉加热等表面淬火技术。

火焰加热表面淬火是将零件置于强烈的火焰中进行加热,使其表面温度迅速达到淬火温度后,急速用水或水溶液进行冷却,从而获得预期的硬度和硬化层深度的一种表面淬火法。火焰加热表面淬火的优点如下:设备简单,使用方便,成本低,不受工件体积大小限制,可灵活移动使用,淬火后表面清洁,无氧化、脱碳现象,变形小。

感应加热表面淬火是利用电磁感应原理,在零件表面产生涡流,使零件表面快速加热而实现表面淬火的工艺方法。根据感应加热设备产生频率的高低,可分为高频（30～1000 kHz）、中频（小于10 kHz）及工频（50 Hz）三类。感应加热表面淬火和普通表面淬火相比具有如下优点:热源在零件表层,加热速度快,热效率高;因不是整体加热,零件变形小;零件加热时间短,表面氧化脱碳量少;表面硬度高,缺口敏感性小,冲击韧性、疲劳强度以及耐磨性等均有很大提高;设备紧凑,使用简便,劳动条件好;不仅可用于零件表面、内孔等的淬火,还可以用于零件的穿透加热与化学热处理。

利用高能束的激光束加热表面淬火和电子束加热表面淬火是表面相变强化技术的新领域和重要发展方向。与普通表面淬火相比,其表面加热温度高、加热速度快、易于控制,表面强化层组织细密、硬度高。

表面相变强化技术能有效提高零件的硬度和耐磨性能,在设备再制造与维修中已获得了广泛应用。感应加热表面淬火常用的零件类型有齿轮类零件、轴类零件、工模具及其他机械零件。激光束加热表面淬火最适用于表面局部需要硬化的零件,已广泛应用于汽车、机械设备、军工等工业中。美国已采用该技术取代了渗碳、渗氮等化学热处理方法来处理飞机、导弹等重要零件。

2. 离子注入技术

离子注入技术是指在离子注入机中把各种所需的离子,例如 N^+、C^+、O^+、Ni^+、Ag^+ 和 Ar^+ 等非金属或金属离子加速成具有几万甚至几百万电子伏特能量的载能束,并注入金属固体材料的表面层。离子注入将引起材料表层成分和结构的变化,以及原子环境和电子组态等微观状态的扰动,由此导致材料的各种物理、化学或力学性能发生变化。不同的材料,注入不同元素的离子,在不同的条件下,可以获得不同的改性效果。

20 世纪 70 年代初,人们开始用离子注入技术进行金属表面合金强化的研究,并逐渐发展成为一种新颖的表面改性技术。离子注入技术已在表面非晶化、表面合金化、表面改性和离子与材料表面相互作用等方面取得了可喜的研究成果,特别是在零件表面合金化方面取得了突出的进展。用离子注入技术可获得高度过饱和固溶体、亚稳定相、非晶态和平衡合金等不同组织结构形式,大大改善了零件的使用性能。大量实验证实,离子注入能使金属和合金的摩擦因数、耐磨性、抗氧化性、抗腐蚀性、耐疲劳性以及某些材料的超导性能、催化性能、光学性能等发生显著的变化。在大量实验研究的基础上,离子注入已在改善工业零件的抗腐蚀性、耐磨性等性能方面得到应用。

离子注入装置包括离子发生器、分选装置、加速系统、离子束扫描系统、试样室和排气系统。从离子发生器发出的离子由几万伏电压引出,进入分选装置,分选装置将一定的质量/电荷比的离子选出,在几万至几十万伏电压的加速系统中加速获得高能量,通过离子束扫描系统扫描轰击零件表面。离子进入零件表面后,与零件表面内的原子和电子发生一系列碰撞,这一系列碰撞主要包括以下三个独立的过程:

1)核碰撞。入射离子与零件原子核的弹性碰撞,使固体中产生离子大角度散射和晶体中辐射损伤等。

2)电子碰撞。入射离子与零件内电子的非弹性碰撞,其结果可能引起离子激发原子中的电子或使原子获得电子、产生电离或 X 射线发射等。

3)离子与零件内原子作电荷交换。无论哪种碰撞都会损失离子自身的能量,使离子经多次碰撞后能量耗尽而停止运动,最后作为一种杂质原子留在固体中。离子进入固体后对固体表面性能发生的作用除了离子挤入固体内的化学作用外,还有辐射损伤(离子轰击产生晶体缺陷)和离子溅射作用,它们在改性中都有重要意义。

3. 低温离子渗硫技术

低温离子渗硫技术是一种真空表面处理技术。它采用辉光放电的手段,用电场加速硫离子,使其高速轰击零件表面,在表面下有效地形成一层硫化亚铁组织,也就是所期望的固体润滑剂,图 4-14 为其原理示意图。低温离子渗硫时,将零件和装有粉末硫的碗盒一起放置于真空室中的阴极板上。以炉壳为阳极,阳极接地;以待处理的零件为阴极,零件相对于接地的炉

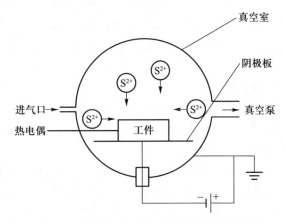

图 4-14   低温离子渗硫技术原理示意图

壳为负电位。在外加电场的作用下,稀薄气体中的离子做定向运动,并碰撞真空室内的气体分子,使之电离产生辉光放电。零件与硫盒在辉光放电的作用下被加热,且零件表面的原子(或分子)被活化,向外发射电子。由于硫的熔点约为 112℃,所以当温度升高到 112℃ 以上时,真空室就开始有硫蒸气存在。随着温度的继续升高,真空室中硫蒸气所占的分压也逐渐加大,被电离的概率增大。硫离子高速轰击零件,并沉积于零件表面。在零件表面还存在的尚未发射的离子与硫离子化合,生成一层以 FeS 为主的硫化物层。FeS 为密排六方晶格结构,呈鳞片状,是一种很好的固体润滑剂。在切应力作用下,软质的 FeS 层易发生塑性流变,显示出良好的磨合性,能够有效降低摩擦副间的摩擦系数,还可以防止黏着和胶合,降低磨损,使零件的抗接触疲劳性能大幅度提高。

思考题与练习

4-1　简述再制造加工的概念。

4-2　详细说明再制造加工技术的分类与选择的原则。

4-3　试说明再制造机械加工技术与再制造表面加工技术之间的联系与区别。

4-4　简述再制造修理尺寸技术的工作机理及主要的应用对象。

4-5　什么是附加零件恢复技术?应用此技术需要注意的问题有哪些?

4-6　试分析局部更换技术和换位技术的区别。

4-7　说明塑性变形技术的几种常用方法及它们的定义。

4-8　试比较低合金钢、高锰钢和不锈钢三种堆焊层车削加工的区别。

4-9　有哪几种表面涂层再制造技术?简述它们的应用原理。

4-10　简述电镀与化学镀的概念,并说明两种镀层工艺的区别。

4-11　根据图 4-6 说明电刷镀的原理。

4-12　根据图 4-8、图 4-9 说明氧乙炔火焰线材喷涂和氧乙炔火焰粉末喷涂的原理,并简述它们之间的区别。

4-13　简述表面黏涂技术的工艺流程。

4-14　简述激光再制造技术的分类,并介绍几种典型的激光再制造技术的应用。

4-15　题图 4-15a 所示的收割机的刀杆,由于使用不当造成其沿刀杆中央横向断裂(题图 4-15b),试选择该刀杆的再制造加工方法。

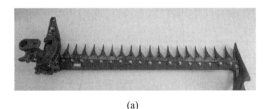

(a)　　　　　　　　　　　　　　　　　　(b)

题图 4-15

4-16　题图 4-16 所示为磨损失效的旋耕刀,其下部刀刃处已存在部分缺失,同时靠近刀尖处表面剥落凹陷。试选择该旋耕刀的再制造加工方法。

表面剥落凹陷

刀刃缺失

题图 4-16

第5章 农机装备再制造寿命评估技术

再制造是对废旧装备进行修复与提升的先进逆向制造过程。它需要回答的就是"再制造后怎样"这一重要问题,即再制造装备是否可以在新一轮服役周期中安全服役。要回答这一问题就需要对再制造装备的寿命进行评估。废旧装备再制造的主要对象为装备中的关键零件。换言之,再制造装备的寿命在很大程度上取决于再制造关键零件的寿命。而再制造零件的寿命则与其服役工况直接相关,故不同再制造零件所采取的寿命评估技术也不同,再制造农机装备也同样如此。本章以再制造旋耕机为对象,选取其中的旋耕刀具、旋耕刀轴和传动零件三种关键零件,介绍了它们在不同工况下服役时的寿命评估技术,包括磨损寿命评估技术、疲劳寿命评估技术和接触疲劳寿命评估技术。同时,概述了一些可用于再制造农机装备零部件的快速寿命检测技术。

5.1 农机装备再制造零件寿命评估概述

5.1.1 农机装备再制造零件的失效形式

与新制零件类似,农机装备再制造零件的主要失效原因有四种,分别为磨损、腐蚀、变形和断裂。由于农机装备零件使用环境的多样性,这些失效的原因一般是几种并存的。下面以旋耕机(图5-1)为例进行介绍。

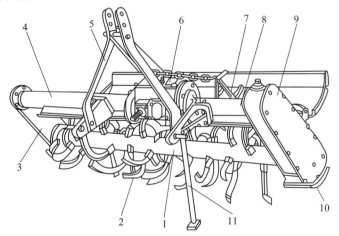

1—刀轴;2—刀片;3—右支臂;4—右主梁;5—悬挂架;6—齿轮箱;7—罩壳;
8—左主梁;9—传动箱;10—防磨板;11—撑杆

图 5-1 旋耕机的结构

1. 磨损

由于物体之间的相互运动,往往会在运动接触表面产生位移以及分离,造成接触面表面性能以及形态的改变,这种改变会导致磨损产生。典型的磨损零件如旋耕机中的刀片(图5-1中的零件 2),在长期工作中与土壤接触会产生严重的磨损最终导致断裂。

2. 腐蚀

由材料表面的化学、电化学以及物理作用所造成的零件损坏称为腐蚀。依据腐蚀面的分布腐蚀分为全面腐蚀以及局部腐蚀两种,造成农机装备零件失效的主要是局部腐蚀。如旋耕机的罩壳(图 5-1 中的零件 7)、防磨板(图 5-1 中的零件 10)等,长期在潮湿的环境下会发生点腐蚀,但这种腐蚀是极为缓慢的。

3. 变形

通常情况下,物体的变形是由于受到应力的作用而发生的。当应力超过材料的屈服极限时,零件的弹性形变转化为塑性形变,最终在农机装备零件表面产生裂纹最终可能转化为断裂。旋耕机在正常的工作期间内一般不会发生因较大应力所导致的零部件变形。

4. 断裂

农机装备零件在外力的作用下,会断裂为两个或者多个互不相关的部分,其中由疲劳损伤引起的断裂尤为重要。疲劳损伤发生在受交变应力作用的零件和构件上,零件和构件在低于材料屈服极限的交变应力的反复作用下,经过一定的循环次数以后,产生裂纹至最终断裂。由疲劳损伤导致失效的典型零件有旋耕机的刀轴及传动部件,其中刀轴(图 5-1 中的零件 1)等主要由循环载荷引起结构疲劳破坏,凸轮、齿轮等由接触疲劳引起表面涂层失效。

在上述的失效原因中,腐蚀和变形是难以预测的,值得研究的是磨损及由疲劳损伤引起的断裂。

5.1.2 零件的寿命试验

为了弄清零件的寿命分布、评估零件的各项可靠性指标、研究零件的失效机理,需要对零件进行寿命试验。寿命试验是指从一批零件中随机抽取 n 个组成一个样本,然后把此样本放在相同的正常应力水平下进行试验,观察每个零件第一次失效(或故障)发生的时间(即寿命),最后用统计方法对这些失效时间进行处理,从而获得这批零件(总体)的各项可靠性指标。寿命试验的类型很多,以试验场所划分,寿命试验可分为如下两类。

1. 现场寿命试验

现场寿命试验是把零件放在实际使用条件下来获得失效数据,如飞机的操纵杆、汽车的行驶里程等都是在现场寿命试验中进行的。如此得到的数据是最有说服力的,但此种试验的组织管理工作繁重、投资大、时间长。此外,由于现场环境变化多,不同现场差别也大,这对探索零件内在的失效规律设置了许多障碍。所以,现场寿命试验只在一些关键场合使用。

2. 模拟寿命试验

模拟寿命试验又称实验室寿命试验。它是在实验室内模拟现场使用的主要工作条件,并受到人工控制,使得实验室内的零件都在相同工作条件下进行寿命试验,如电子元器件在恒温箱内做寿命试验,电缆在一定电压下做寿命试验等,此种试验管理简便、投资小、重复性好、便于零件间的比较。由于现场工作条件复杂多样,不可能复现真实的工作环境,只能选择那些对零件寿命影响最大的少数几项工作条件进行模拟,如对温度、湿度、电压、电流、功率、振动、负载等进行模拟,这些统称为应力,其取值称为应力水平。

由于现场寿命试验的复杂性,一般的寿命试验都是模拟寿命试验,以方便研究单一因素对零件寿命的影响。

5.1.3　再制造零件的寿命评估

我国的再制造工程是在维修工程、表面工程基础上发展起来的,采取了不同于欧美的再制造模式,大量应用先进的表面工程和先进制造技术。通过在废零部件的表面生成涂层,以恢复失效零件的尺寸并提升其性能,是一种"增材制造"的再制造方式。因此,大多数再制造产品的质量由废旧件(毛坯)的原始质量和再制造恢复涂层质量共同决定。

废旧件经过一个寿命周期的使用过程,在服役过程中可能产生不同程度的早期损伤及缺陷。为保证再制造零件的质量,应在准确评估废旧件剩余寿命的基础上,根据废旧件损伤状态确定相应的再制造成形方案,选择适宜的再制造关键技术进行加工。再制造成形后,还要检测涂层质量及涂层与基体的结合质量,评估再制造零件的服役寿命,只有合格件才能够装配使用。

实现再制造零件的质量控制,就是通过严格把关形成再制造零件的三个重要环节,即再制造前毛坯的质量控制、再制造成形过程的质量控制及再制造后涂层的质量控制,从而确保再制造零件性能不低于新品性能。寿命评估技术是再制造前毛坯的质量控制和再制造后涂层的质量控制的核心研究内容。再制造成形过程的质量控制是对再制造成形工艺的控制。再制造毛坯剩余寿命评估、再制造成形加工过程的质量检验、再制造涂层服役寿命评估等内容是上述三个重要环节中所采用的关键技术。再制造前的寿命评估即再制造前毛坯的质量控制在检测环节已有具体说明,本章主要研究再制造后的零件寿命评估。

再制造后零件最难进行的是疲劳寿命评估,疲劳寿命评估的难点在于不仅要评估涂层的疲劳寿命变化,还要评估基体的疲劳寿命变化。一方面,废旧件是具有过往服役历史且无法量化追寻的已成形零件,存在着较多的隐性损伤及微裂纹,增材再制造后并不能消除它们,新一轮服役中的交变载荷就可能在这些缺陷处诱发疲劳失效;另一方面,完成了再制造零件的局部逆向增材形成的涂层,存在大量宏观与微观的交界面和修复成形过程中所引入的原生性缺陷,这些缺陷同样会成为新一轮服役中的裂纹源,这也导致了无法准确地评估再制造零件的使用寿命。

5.2　再制造旋耕刀具的磨损寿命评估

5.2.1　再制造旋耕刀具

旋耕刀具(简称为旋耕刀)是旋耕机上的重要工作零件,它的工作性能好坏、寿命长短直接影响旋耕机的工作质量。旋耕刀的刃口抵抗土壤与稻茬磨损而保持其几何形状的能力(锋利性)是保证旋耕机工作效率的关键。旋耕刀大多进行露天作业,工作环境差,条件苛刻。一方面,磨损是造成旋耕刀失效的最主要原因,旋耕刀多在潮湿或带腐蚀性(化肥、农药)的环境下服役,并经常与土壤、砂石、农作物秸秆以及根块等接触,容易诱发磨料磨损,从而使得旋耕刀表面材料发生脱落。另一方面,旋耕刀作业时会受到不同程度的循环外力和冲击力作用,再加之磨料磨损的初期侵蚀,导致工作部位极易出现局部断裂失效现象,如图 5-2a 所示。单从旋耕刀损伤机制来看,其主要为磨料磨损造成的表面材料脱落和局部断裂,即低应力划伤式磨料磨损,主要受磨料与零件的相对硬度和土壤组成的影响。

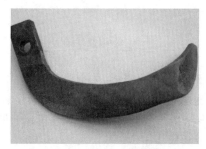
(a) 使用80 h后的传统热处理旋耕刀

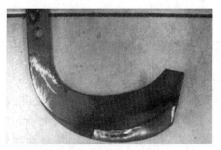
(b) 通过激光熔覆再制造技术修复后的旋耕刀

图 5-2　不同状态的旋耕刀

我国旋耕刀的材料按规定一般使用 65Mn 或者 60Si2Mn,经传统热处理后,刀具平均使用寿命为 80 h,在使用一段时间后就会产生磨损而最终废弃。通过激光熔覆等表面增材制造技术后可赋予其新生,图 5-2b 所示为通过激光熔覆再制造技术修复后的旋耕刀。

5.2.2　磨损寿命评估方法

类似再制造旋耕刀具的工作零件的寿命都较短,仅为数百小时,对这类零件的磨损寿命评估一般是通过选择样本进行模拟寿命试验,得到样本的寿命后通过统计学方法评估整体的使用寿命。下面介绍几种磨损寿命的计算方法。

（1）平均值法

该方法是一种最简单的算法,通过对参加试验前后试样的特征尺寸的精密测量,算出平均的磨损量,与最大允许磨损量进行比较,得出再制造零件的使用寿命 T。用公式表示为:

$$T = \frac{\mu_{\max}}{\Delta\mu} T_0 \tag{5-1}$$

式中:$\mu_{\max}$ 表示再制造旋耕刀熔覆层的最大允许磨损量;$\Delta\mu$ 表示经过试验后试样的磨损量;T_0 为试样的磨损试验时间。

平均值法建立在假定再制造后的零件熔覆层在整个寿命周期内磨损速度恒定的基础之上,特别适合测量数据很少的场合。

（2）可靠性计算法

可靠性计算法是基于在相同使用条件下,再制造零件表面的磨损量服从正态分布的基础上而建立的。在规定的最大允许磨损量的情况下,计算模型见图 5-3。

其可靠性 R 的计算公式为:

$$R(w_{\max}/t) = \int_{-\infty}^{w_{\max}} f_t(w)\,\mathrm{d}w \tag{5-2}$$

式中:$w_{\max}$ 指的是规定的最大允许磨损量,一般为熔覆层厚度;t 表示工作中的某一时间;f_t 为磨损量的概率密度函数:

$$f_t(w) = \frac{1}{\sigma_w\sqrt{2\pi}}\exp\left[-\frac{1}{2}\left(\frac{w-\overline{w}}{\sigma_w}\right)\right]^2 \tag{5-3}$$

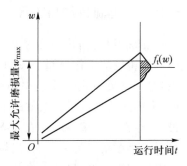

图 5-3　规定最大允许磨损量的可靠性计算模型

式中:$\overline{w}$ 为磨损量的均值;σ_w 为大样本下磨损量的标准差。利用该公式可以判断服役一段时间后零件的当前可靠性。

（3）模糊可靠性计算法

根据模糊可靠性理论,零件由于磨损而失效的问题是一个渐进的过程,不存在一个明确的边界。所以在通常的可靠性计算中,当磨损量一旦达到最大允许磨损量时,零件或运动副就会因为磨损过大而失效是不符合实际情况的。而较为接近实际情况的处理应该是:在零件的磨损量接近最大允许磨损量的一个合适的范围内,零件就处于失效和可靠的模糊状态,这种模糊状态可以用一个模糊隶属函数来表示。其模糊可靠性的计算公式为:

$$p(\tilde{A}) = \int_{-\infty}^{+\infty} \mu_{\tilde{A}}(w) f_1(w) \, \mathrm{d}w = \int_{a_1}^{a_2} \mu_{\tilde{A}}(w) f_1(w) \, \mathrm{d}w + \int_{a_2}^{+\infty} f_1(w) \, \mathrm{d}w \qquad (5-4)$$

式中:$\mu_{\tilde{A}}(w)$ 表示模糊隶属函数,可以根据经验进行选取;w 表示磨损状态量;a_1 和 a_2 为模糊状态量的上、下极限值。

模糊可靠性计算法需要依据经验来确定模糊隶属函数及上、下限,在小样本情况下不宜使用,故在此仅作简要介绍。

5.2.3　再制造旋耕刀具磨损寿命评估

1. 再制造旋耕刀具的模拟磨损试验

再制造旋耕刀具表面熔覆层的模拟磨损试验,是通过将熔覆块制成规定试样,在专门设计的模拟真实环境的磨粒磨损试验台上进行的,如图 5-4 所示。

磨损前,先将被测试试样固定在试样装夹装置的下面,慢慢调整试样装夹装置的惯性半径,使得试样在运动过程中的圆周线速度和它在实际作业中的速度相同。紧接着还需调整试样装夹装置竖直轴的上下位置,使被测试样全部埋在土壤当中,以使试样与土壤的接触面积最大。然后根据试样装夹装置运动的轨迹位置和试样在土壤当中的深度,分别慢慢调整压实装置和回土装置的竖直位置,以便它们能够准确无误地压实土壤和回土。运转时,电动机的轴做水平转动,在联轴器与传动机构的带动下圆形土槽的竖直回转轴旋转,进而使固定在回转轴上的仿形装置以及和它相连的试样装夹装置、压实装置、回土装置一起旋转,以此来实现被测试样在土壤当中的连续摩擦。在磨损试验结束后,将试样取出清洗烘干,用电子天平称重后计算其磨损量。

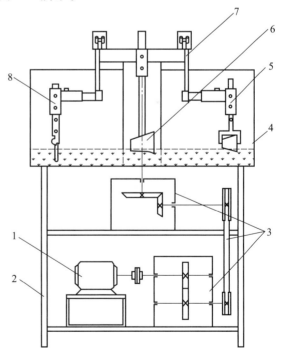

1—电动机；2—机架；3—传动机构；4—土槽；5—压实装置；
6—回土装置；7—仿形装置；8—试样装夹装置

图 5-4　磨粒磨损试验台结构图

2. 磨损寿命的计算

假设试样经过模拟磨损试验后,磨损量与磨损时间见表 5-1(假定再制造熔覆层的厚度为 3 mm,测量误差为 0.03 mm):

表 5-1   旋耕刀具熔覆层磨损量与磨损时间表

磨损时间/h	12	24	36	48	60	72
磨损量/mm	0.15	0.34	0.47	0.63	0.77	0.95

(1)平均值计算法

根据上面的测量数据,每工作 12 h 的平均磨损量为 0.158 mm,所以,磨损失效前的工作时间

$$T = 12 \text{ h} \times \frac{3 \text{ mm}}{0.158 \text{ mm}} \approx 227.8 \text{ h}。$$

(2)可靠性计算法

根据磨损量测量值,按照上、下极限值用最小二乘法对测量数据进行线性回归。其下限回归方程为:

$$y = 0.012\ 86x - 0.04$$

上限回归方程为:

$$y = 0.013x - 0.026$$

在上面的回归方程中,代入 $y = 228$,求出工作 228 h 的预测磨损量的上、下限,然后计算出其正态分布的均值及标准差,其均值 $\mu = 2.915$,标准差 $\sigma = 0.000\ 5$。

由式(5-2)计算其可靠性为

$$R = \int_{-\infty}^{w} \frac{1}{\sigma_w \sqrt{2\pi}} \exp\left[-\frac{1}{2}\left(\frac{w - \overline{w}}{\sigma_w} \right) \right]^2 \mathrm{d}w = \int_{-\infty}^{3} \frac{1}{0.000\ 5\sqrt{2\pi}} \exp\left[-\frac{1}{2}\left(\frac{w - 2.915}{0.000\ 5} \right) \right]^2 \mathrm{d}w$$

计算结果为 $R = 63\%$。即再制造旋耕刀工作 228 h 后的可靠性为 63%。

综上所述,理论上使用简单的平均值计算法来计算再制造零件磨损寿命的可靠性仅仅为 50%,本例中的可靠性达到 63%,是因为进行磨损试验时试样已经处于稳定的磨损阶段,磨损量与磨损时间已经近似为线性分布。平均值计算法由于所需的数据少,对一些寿命试验数据较少的场合,仍具较大参考意义。但数据越少,其可能的误差会越大。这是因为再制造零件由于磨损而失效是一个渐进的过程,且由于熔覆层基体的质量不同,个体间存在的差异可能会很大。对再制造零件进行寿命评估,应广泛收集数据,不断完善计算模型。

5.3   再制造旋耕刀轴的疲劳寿命评估

5.3.1   再制造旋耕刀轴

轴类零件是机器中经常遇到的典型零件之一。它主要用来支撑传动零件,传递扭矩和承受载荷。根据所受载荷的不同,轴主要分三类,即传动轴、心轴和转轴,它们在机器中的重要性是不

言而喻的。本节以旋耕刀轴为例,介绍再制造轴类零件的疲劳寿命评估方法。

旋耕刀轴在耕作过程中是主要的承载部件,它带动旋耕刀具高速旋转而完成切土、碎土等一系列的工作,并承受复杂的外力(切削土壤的反作用力)、力矩(拖拉机输出功率产生的驱动扭矩)及各种冲击与振动,其应力状态复杂,在长期工作后易发生疲劳断裂。旋耕刀轴的再制造形式主要为表面进行涂覆,旨在修复公称尺寸的同时改善旋耕刀轴的抗疲劳性能。图5-5所示为一典型的旋耕刀轴。

图 5-5　旋耕刀轴实物图

5.3.2　疲劳寿命的评估方法

再制造轴类零件的疲劳寿命评估所用的理论与计算方法与全新零件所应用的理论与计算方法基本一致,但再制造零件的疲劳寿命评估难度更大。这是因为在运用疲劳寿命评估理论和计算方法时,服役后零件初始条件将发生变化。当前较为普遍的再制造零件疲劳寿命评估方法为先使用有限元分析法对待评估零件的损伤点进行分析预测,再通过疲劳试验确定再制造试样的实际疲劳强度,最后通过修正的疲劳寿命模型进行寿命评估。图5-6为一种常用的再制造零件疲劳寿命评估方法。

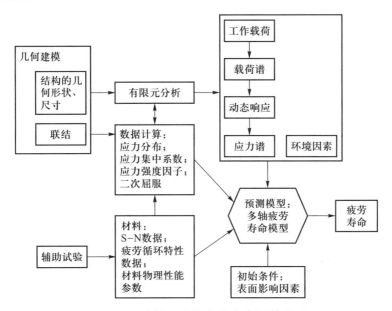

图 5-6　再制造零件疲劳寿命评估方法

5.3.3　轴类零件的疲劳寿命评估理论

轴类零件的疲劳,如果单纯从所受应力状态来分析,大体上可以分为单轴疲劳和多轴疲劳。

单轴疲劳是指材料或零件在单向循环载荷作用下所产生的失效现象,这时零件只承受单向正应力(应变)或单向切应力(应变)。多轴疲劳是指多向应力(应变)作用下的疲劳,也称为复合疲劳。多轴疲劳损伤发生在多轴循环加载条件下,加载过程中有两个或者三个应力(应变)分量独立地随时间发生周期性变化。这些应力(应变)分量的变化可以是同相位、按比例的,也可以是不同相、不按比例的,工作时的旋耕刀轴可视为多轴疲劳。

多轴疲劳寿命评估最普遍的方法是将多轴应力(应变)状态下的应力(应变)进行等效,认为等效的单轴应力(应变)与多轴应力(应变)会产生相同的疲劳损伤。最终把这个等效的单轴应力(应变)视为损伤过程的控制参量,同时对单轴应力(应变)状态下的疲劳寿命方程中的系数进行修正,最后估算出多轴应力(应变)状态下构件的寿命。下面在比例加载下简述几种静强度准则的多轴疲劳寿命评估方法。

(1)基于应力的多轴疲劳寿命评估方法

进行疲劳寿命评估时,把弯曲疲劳应力-寿命(S-N)曲线与扭转疲劳应力-寿命(S-N)曲线画在同一张图上,由椭圆方程式

$$\left(\frac{\sigma}{\sigma_e}\right)^2 + \left(\frac{\tau}{\tau_e}\right)^2 = 1 \tag{5-5}$$

作出弯扭疲劳极限圆锥,如图5-7所示,使垂直于疲劳寿命即 N_f 轴的平面与其相交得到相应的椭圆曲线。由上述公式利用解析法或者图解法即可确定疲劳寿命。

对于高周多轴疲劳寿命评估,基本上是基于应力为参数的方法。对于脆性材料采用最大拉应力理论,对于韧性材料采用米泽斯(Mises)屈服准则或特雷斯卡屈服准则(Tresca),然后结合单轴应力-寿命(S-N)曲线利用常规疲劳寿命评估方法来预测多轴疲劳寿命。

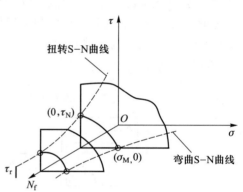

图5-7 弯扭疲劳极限扩展图

(2)基于应变的多轴疲劳寿命评估方法

基于应变的疲劳寿命评估方法,首先利用等效应变作为损伤参量,然后结合单轴的 Manson-Coffin 方程得出疲劳寿命评估公式,最后估算出多轴应变状态下的疲劳寿命,有以下几种疲劳寿命评估方式,其中疲劳寿命以 N_f 表示。

1)基于最大主应变幅的疲劳寿命评估法,有

$$\frac{\Delta\varepsilon_1}{2} = \frac{\sigma'_f}{E}(2N_f)^b + \varepsilon'_f(2N_f)^c \tag{5-6}$$

式中:σ'_f 为疲劳强度系数;b 为疲劳强度指数;ε'_f 为疲劳塑性系数;c 为疲劳塑性指数;$\Delta\varepsilon_1/2$ 为最大主应变幅。

2)基于米泽斯(Mises)屈服准则的疲劳寿命评估法,有

$$\frac{\Delta\varepsilon_{\text{eff}}}{2} = \frac{\sigma'_f}{E}(2N_f)^b + \varepsilon'_f(2N_f)^c \tag{5-7}$$

其中,等效应变

$$\Delta\varepsilon_{\text{eff}} = \frac{\sqrt{2}}{3}\left[(\varepsilon_1-\varepsilon_2)^2+(\varepsilon_2-\varepsilon_3)^2+(\varepsilon_3-\varepsilon_1)^2\right]^{0.5} \tag{5-8}$$

式中：ε_1、ε_2、ε_3 分别为三个方向上的应力应变。

3）基于最大剪应变屈服理论的寿命评估法 SWT-Bannantine 模型。Smith-Watson-Topper 方程的多轴形式为：

$$\frac{\Delta\gamma_{\max}}{2} = (1+v)\frac{\sigma_{\text{f}}'}{E}(2N_{\text{f}})^b + 1.5\varepsilon_{\text{f}}'(2N_{\text{f}})^c \tag{5-9}$$

其中，最大剪应变幅

$$\frac{\Delta\gamma_{\max}}{2} = \Delta(\varepsilon_1-\varepsilon_3)$$

式（5-8）、式（5-9）中，$\varepsilon_1 \geqslant \varepsilon_2 \geqslant \varepsilon_3$，$v$ 为泊松比。

（3）基于临界平面的多轴疲劳寿命评估方法

应用基于临界平面的多轴疲劳寿命评估方法预测多轴疲劳寿命时首先要找出临界损伤平面，然后将临界损伤平面上的剪切和法向应力（应变）进行各种组合来构造多轴疲劳损伤参量，建立疲劳寿命预测方程。主要有以下几种计算模型：

$$\frac{\Delta\gamma^*}{2} + 0.4\varepsilon_{\text{n}} = 1.44\frac{\varepsilon_{\text{f}}'}{2}(2N_{\text{f}})^b + 1.60\varepsilon_{\text{f}}'(2N_{\text{f}})^c \tag{5-10}$$

$$\frac{\Delta\gamma_{\max}}{2} + k\varepsilon_{\text{n}} = 1.65\frac{\sigma_{\text{f}}'}{E}(2N_{\text{f}})^b + 1.75\sigma_{\text{f}}'(2N_{\text{f}})^c \tag{5-11}$$

式中：$\dfrac{\Delta\gamma^*}{2} = \Delta(\varepsilon_1-\varepsilon_2)$，$\varepsilon_{\text{n}} = \dfrac{\Delta(\varepsilon_1-\varepsilon_2)}{2}$；$k$ 为常数；ε_{n} 为法向正应变；γ^* 为发生在与自由表面成 45° 的平面上的最大剪应变，ε_{n}^* 为该平面上的法向应变。

为考虑平均应力对寿命的影响，1984 年 Socie 经过实验得出式（5-12）。

$$\hat{\gamma}_{\text{p}} + 1.5\hat{\varepsilon}_{\text{nP}} + 1.5\frac{\hat{\delta}_{\text{no}}}{E} = \delta_{\text{f}}'(2N_{\text{f}})^c \tag{5-12}$$

式中：$\hat{\delta}_{\text{no}}$ 为最大剪应变幅平面上的塑性应变幅；$\hat{\varepsilon}_{\text{nP}}$ 为最大剪应变幅平面上的正应变幅；$\hat{\gamma}_{\text{p}}$ 为与最大剪应变幅平面垂直的平均应力。

基于临界平面的多轴疲劳寿命评估方法与前面两种评估方法不同，在损伤参数的选择上不仅考虑了应力、应变的大小，还考虑了应力、应变的方向，因此其损伤参数更有意义。同时也使得该评估方法所得结果更加接近于实际状况，为准确评估零件疲劳寿命提供了基础。

5.3.4 旋耕刀轴的疲劳寿命评估

1. 旋耕刀轴的有限元分析

使用三维软件建立旋耕刀轴的三维模型，并作出简化处理，保留了容易出现应力集中的部位。设置材料为 42CrMo，一种使用广泛的高强度合金钢。42CrMo 材料基本性能参数见表 5-2。

表 5-2　42CrMo 材料基本性能参数表

弹性模量/GPa	210
泊松比	0.3
抗拉强度 σ_b/MPa	1000
屈服强度 σ_s/MPa	900
拉伸疲劳极限 σ_{-1}/MPa	513
扭转疲劳极限 τ_{-1}/MPa	310
断面收缩率	50%

旋耕机工作时,刀轴一方面带动旋耕刀具做回转运动而切削土壤,另一方面随机具匀速前进,旋耕机的工作阻力与拖拉机输出的功率平衡,克服各种阻力完成一系列的做功过程。其中旋耕机工作阻力常用旋耕比阻 K_r 表示,它与土壤的众多因素有关,比如湿度、土质、含水量、秸秆残余量、刀具的形状与排列方式、耕作深度及幅宽、耕速等,一般情况下旋耕比阻 K_r 为 120~160 kPa。在特定的土壤和机具设计条件下,旋耕比阻 K_r 与拖拉机输出功率 P_e 的关系可用下式计算:

$$K_r = \frac{P_e}{BHv_z} \tag{5-13}$$

式中:K_r 表示旋耕比阻;P_e 表示拖拉机输出功率;B 表示耕作幅宽;H 表示耕作深度;v_z 表示机具前进速度即耕速。

设置合适的网格划分结构并计算后,可得到旋耕刀轴的等效应力云图和等效应变云图。零件最大的变形位于中部,最大的应力部位为端部。这样的结果与实际变形及应力分布结果相同。材料的疲劳失效主要由材料内部的局部塑性变形引起,在疲劳寿命计算中最大应力处即为旋耕刀轴的薄弱位置。

2. 旋耕刀轴的疲劳试验

由于疲劳性能的分散性,用常规法求出的疲劳极限值不是很精确。要想获得再制造旋耕刀轴精确的疲劳极限(或条件疲劳极限),必须进行疲劳试验。目前国内测定疲劳极限的方法主要为小子样升降法,说明如下:试验前先用常规法或估算法估算出粗略的疲劳极限值,然后根据估算出的疲劳极限值确定出应力级差。各级应力之差 $\Delta\tau$ 称为"应力增量"。在整个过程中,应力增量保持不变。试验时先在略高于疲劳极限估算值的应力条件下开始试验。第一根试样从高于疲劳极限的应力水平开始试验,然后再逐级降低应力。在应力 τ_1 作用下,试验第一根试样。该试样在未达到指定寿命 $N = 10^7$ 之前发生了破坏,于是,第二根试样就在低一级的应力 τ_2 下进行试验。一直试到第 n 根试样时,因该试样在 τ_i 作用下经 10^7 次循环没有越出(破坏),故依次进行的第 $n+1$ 根试样就在高一级的应力 τ_{i+1} 下进行试验。依次进行,凡前一根试样不经 10^7 次循环就破坏,则随后的一次试验就要在低一级的应力下进行;凡前一根试样越出,则随后的一次试验就要在高一级的应力下进行,直至完成全部试验为止。

图 5-8 为用这种方法进行试验而得到的一个典型的升降图,图中"×"表示破坏,"○"表示越出。如以 n_i 表示在第 i 级应力 τ_i 下进行的试验次数,n 表示试验总次数,m 表示应力水平的级数,则疲劳极限 τ_{-1} 的一般表达式可写成:

$$\tau_{-1} = \frac{1}{n} \sum_{i=1}^{m} n_i \tau_i \qquad\qquad (5-14)$$

$$n = \sum_{i=1}^{m} n_i$$

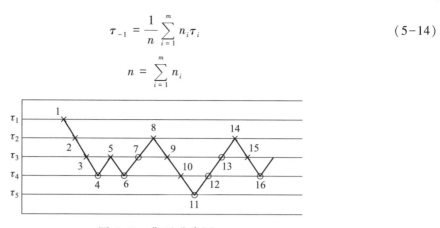

图 5-8 典型升降图

一般在弯扭疲劳试验机上进行试验测定疲劳极限。图 5-9 所示为弯扭疲劳试验机的具体结

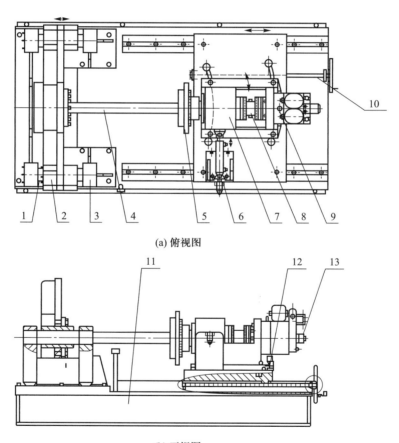

(a) 俯视图

(b) 正视图

1—导向轴；2—浮板；3—尾座；4—试样；5—试样连接法兰；6—弯曲加载液压缸；7—轴承座；8—扭矩传感器；
9—摆动缸；10—丝杠螺母；11—工作台；12—偏角测量装置；13—扭角传感器

图 5-9 弯扭疲劳试验机的结构图

构。试验样品为基体为 42CrMo 带有 0.3 mm 的 3Cr13 涂层的试样。根据疲劳试验结果,运用小子样升降法计算出试样的扭转疲劳极限比原材料疲劳极限降低了 12%。疲劳性能降低主要受涂层的结合强度、相对耐磨性及孔隙率的大小以及喷砂时残留的铝氧化物引起疲劳裂纹萌生,即喷涂工艺的影响。

5.3.5   再制造旋耕刀轴疲劳寿命评估计算

查阅工具书,可得到 42CrMo 合金钢的用于 Brown-Miller 多轴疲劳寿命预测模型的多轴疲劳性能参数如表 5-3 所示。

表 5-3   42CrMo 合金钢的多轴疲劳性能参数

b	σ'_f/MPa	c	ε'_f	k
−0.12	1 750	−0.6	0.8	0.39

表中多轴疲劳常数 k 可由拉伸和扭转疲劳极限确定:

$$k = 2\left(\frac{\tau_{-1}}{\sigma_{-1}} - 0.5\right)\frac{1+\nu}{1-\nu} \qquad (5-15)$$

同时,由软件仿真结果可确定临界平面上的损伤参量如表 5-4 所示。

表 5-4   临界平面上的损伤参量

等效应变 ε_{eff}	等效应力 σ_{eff}/MPa	$\Delta\gamma_{max}/2$	ε_n
0.08	78.9	0.12	0.03

旋耕刀轴由增材制造方法进行再制造,需要考虑添加材料对刀轴特性产生的影响,将疲劳寿命计算方程中的系数加以修正后得到再制造零件的疲劳寿命方程,修正系数要体现喷涂后刀轴疲劳特性的改变,于是经系数修正后,基于平均应力的临界平面法刀轴再制造疲劳寿命模型为:

$$\frac{\Delta\gamma_{max}}{2} + k\varepsilon_n = 1.65\frac{\sigma'_f}{E}\left(\frac{2N'_f}{k_c}\right)^b + 1.75\varepsilon'_f\left(\frac{2N'_f}{k_c}\right)^c \qquad (5-16)$$

式中:E 为弹性模量;N'_f 表示再制造后的全寿命;其中修正系数

$$k_c = \frac{\tau_{coating}}{\tau_{substrate}} \qquad (5-17)$$

通过计算得到再制造旋耕刀轴的疲劳寿命为 4.339×10^7(单位为次)。以其他计算模型计算所得的疲劳寿命虽然有区别,但同属一个数量级 10^7。这表明再制造后的疲劳寿命是可靠的,可以满足下个寿命周期的需要。

5.4   再制造传动零件的接触疲劳寿命评估

5.4.1   再制造传动零件

传动零件是农机装备的重要组成部分。再制造传动零件的寿命评估方式与旋耕刀具及旋耕刀轴不同,再制造旋耕刀具的磨损寿命很短,且大部分时间涂层的磨损速度是均匀的。旋耕刀轴的疲劳失效是由循环载荷作用下刀轴表面微裂纹扩展引起的。而传动零件的主要失效方式是涂层的疲劳失效,是由接触载荷引起的涂层表面磨损最终所导致的失效。

传动零件的再制造方式主要分为两类。一种是熔覆,修复区域小,熔覆层厚度大;另一种是表面涂层修复,涂层较薄且覆盖面积广。激光熔覆再制造的传动零件如齿轮,其寿命评估方式与再制造旋耕刀轴类似,依照原产品的寿命评估方式,将修复的材料属性带入计算公式即可。

本节主要介绍表面涂层修复的再制造传动零件的接触疲劳寿命评估方式。

5.4.2　涂层接触疲劳基础

接触疲劳失效是滚动接触摩擦副表面在循环交变载荷作用下引起表面疲劳破坏的现象,表现为接触表面发生点蚀、表面剥落等过程,主要包括纯滚动、纯滑动、滚动与滑动并存3种相对运动状态。在工程应用中,滚动与滑动共同作用是导致许多昂贵的传动零件(如轴承、齿轮等)接触疲劳失效的主要原因。在农机装备多变而苛刻的工作环境下,涂层在抗磨的同时其持久性能也越来越受到关注。涂层的持久性能是指在连续外加载荷作用下,涂层的失效及损伤行为与时间的关系。滚动接触疲劳过程是一种典型的持久性损伤过程,一般发生在呈滚动或滑动接触的摩擦副表面,是循环交变载荷作用下产生的表面失效形式。如用于翻地的旋耕刀具在长时间使用后会产生严重磨损,以及一些重要的传动零件如轴承、齿轮、凸轮和轧辊等也会发生此现象。

涂层的主要接触疲劳失效形式有表面磨损、剥落、层内分层和整层分层。典型的表面磨损失效表现为涂层的表面出现大量的小麻点,单一麻点的表面积小、深度浅,同时麻点都分布在接触磨痕的宽度范围之内。典型的剥落失效,表现形式为涂层表面出现与表面磨损麻点坑相比面积较大的剥落坑,呈现不规则的形状,底面比较平整,距表面的距离较小,存在尖锐的边缘。典型的层内分层失效,表现形式为涂层表面出现了较为明显的宏观材料去除,材料去除面积明显大于表面磨损的麻点坑和剥落坑,并超出了接触磨痕的范围。典型的整层分层失效,表现形式为涂层在接触载荷的作用下从基体上整体脱落,使部分基体直接暴露。整层分层失效的面积较大,一般超过接触磨痕的范围,同时伴随着明显的涂层断裂现象。

涂层的接触疲劳失效机制还未有统一的定论,因为涂层的接触疲劳性能和失效机制取决于涂层与基体的整体性能,即协同效应。总体上,对于涂层这种多孔类、多缺陷结构的接触疲劳研究还处于起步阶段,以往的研究多着眼于对采用不同喷涂方式制备不同材料体系的涂层间的耐接触疲劳性能的对比上,同时兼顾考查喷涂工艺、润滑条件等因素对涂层接触疲劳行为的影响。在同一试验条件下,一般采用一个或几个(小样本空间)试样进行研究。而疲劳试验结果具有很大的随机性和分散性,所以在相同条件下进行大量的试验才能获得可靠的结果。同时,先前的研究往往忽略了涂层本身参数的变化或外界工况变化对于接触疲劳过程的影响。

5.4.3　接触疲劳试验机

本节借助YS-1型滚动接触疲劳试验机,评估农机装备再制造零件涂层的接触疲劳行为。该设备可以精确模拟点接触,适用于评估硬质薄膜及涂层类零件的滚动接触疲劳性能,图5-10为其示意图。将涂层试样固定在一个具有齿轮边缘的夹具上,采用 $\phi 11$ mm 球对摩推力球轴承(图5-10中零件14)作为配对摩擦副,轴承的转速受电动机控制;通过砝码对接触区域施加载荷,通过加载臂可以实现砝码重力的放大(放大比为 8∶1)。

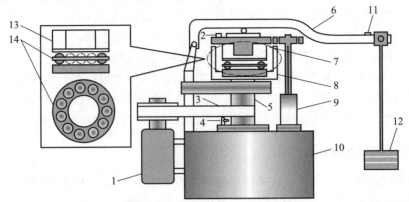

1—电动机;2—温度传感器;3—传送带;4—速度传感器;5—驱动轴;6—加载臂;7—齿轮型卡具;8—试验腔;
9—扭矩传感器;10—机座门;11—振动传感器;12—砝码;13—试样;14—φ11 mm 球对摩推力球轴承

图 5-10   YS-1 型滚动接触疲劳试验机示意图

整个试验过程采用流动油润滑,上置油箱中的润滑油通过压力的作用直接注入润滑区域,然后在高速转动的离心作用下被排出接触区域,从而实现不间断的流动润滑,保证润滑油的温度和品质。采用 4 种传感器对整个接触疲劳试验状态进行监测。速度传感器监测主轴转速,从而保证试验在均一的速度下进行。温度传感器监测接触区域的润滑油温度,在保证润滑油质量的同时,对因涂层失效引起的润滑油滞留效应进行实时判定,以辅助判断涂层的接触疲劳失效。振动传感器和扭矩传感器用来监测涂层是否发生接触疲劳失效。当涂层表面由于接触疲劳而脱落时,高速运转将引起强烈的振动,振动传感器可以探测到这些振动,从而判断涂层是否失效;材料去除时将引起接触副之间摩擦系数的变化,从而诱发周向摩擦力,扭矩传感器可以通过齿轮形卡具探测到周向摩擦力的变化,当变化幅度大时将触发自动停机开关,实现试验机的自动停机,保护涂层失效原貌不受破坏,便于分析失效机理。4 组信号均可以通过人机友好界面进行实时观察。本试验采用两种信号反馈的方式判断涂层失效与否。一为振动信号连续 20 次超过预先设定的阈值(5 g);二为扭矩信号发生突变而导致自动停机。判定涂层失效后,通过特定的计算软件可以得到涂层接触疲劳试验的时间或主轴转动次数,视其为涂层的接触疲劳寿命。

对摩轴承为标准的 51306 推力球轴承,轴承球直径为 11 mm,材料为 GCr15 轴承钢,表面粗糙度 Ra 值为 0.012 μm,洛氏硬度为 HRC60。在对摩摩擦副接触过程中,外加载荷引起的接触应力会引发涂层内部一系列的力学性能变化,诱导疲劳裂纹的萌生和扩展,这是涂层接触疲劳失效的主要诱因。在接触条件均已知(如轴承球直径、各材料的弹性模量等)的前提下,采用赫兹(Hertz)公式计算涂层承受的最大接触应力:

$$P_0 = \frac{3F}{2\pi a^2} \tag{5-18}$$

由式(5-18)得

$$a = \left[\frac{3}{4} R_0 \left(\frac{1-v_b^2}{E_b^2} \right) + \left(\frac{1-v_c^2}{E_c^2} \right) \right]^{\frac{1}{3}} \tag{5-19}$$

式(5-18)和式(5-19)中:P_0为最大接触应力;F为施加的接触载荷;a为接触半径;R_0为对摩推力球轴承半径;E_b和E_c分别为轴承球和涂层的弹性模量,轴承球和涂层的弹性模量分别为220 GPa和187 GPa;v_b和v_c分别为轴承球和涂层的泊松比。

5.4.4　涂层 P-S-N 曲线建立

P-S-N 曲线法是表征材料疲劳性能中较为常用的数据处理方法。相比于理论计算方法,P-S-N 曲线法的优势在于兼顾了疲劳试验中数据的分散性,从而使预测的模型更为准确可靠,但需要建立在较大试验样本的基础之上。

接触疲劳试验中应力 S 与试样疲劳寿命 N 之间有如下的关系式:

$$N = CS^{-m} \tag{5-20}$$

其对数形式为:

$$\ln S = -\frac{1}{m}\ln N + \frac{1}{m}\ln C \tag{5-21}$$

式中 C、m 为试验待定的参数,确定步骤如下:

(1)计算各试验应力下的等概率寿命,得到 n 组数据对 (X_i, Y_i),其中 $X_i = \ln N_i$,$Y_i = \ln S_i$。n 为应力等级数。

(2)采用最小二乘法确定参数 m 和 C,有:

$$-\frac{1}{m} = \frac{\sum_{i=1}^{n} X_i Y_i - \frac{1}{n}\sum_{i=1}^{n} X_i \sum_{i=1}^{n} Y_i}{\sum_{i=1}^{n} X_i^2 - \frac{1}{n}\left(\sum_{i=1}^{n} X_i\right)^2} \tag{5-22}$$

$$\frac{1}{m}\ln C = \frac{1}{n}\left(\sum_{i=1}^{n} Y_i + \frac{1}{m}\sum_{i=1}^{n} X_i\right) \tag{5-23}$$

通过参数估计可确定各种等概率试验应力与试样疲劳寿命间的关系,绘出相应的 P-S-N 曲线。下面给出 P-S-N 曲线的一个完整计算流程。

假定再制造旋耕机传动部件的四种不同的再制造零件工作时的载荷分别为 50 N,100 N,200 N,300 N。通过式(5-18)、式(5-19)计算对应载荷条件下的最大接触应力和接触半径。计算结果见表5-5。

表5-5　四种载荷条件下的最大接触应力 P_0 和接触半径 a

载荷/N	最大接触应力 P_0/GPa	接触半径 a/μm
50	1.7114	133.2
100	2.1123	154.9
200	2.3874	185.9
300	2.6481	208.9

在上述条件下,通过在滚动接触疲劳试验机上对涂层进行寿命试验,得到其接触疲劳寿命。通过使用二参数威布尔(Weibull)分布对试验结果进行数据处理,即可获得对应载荷条件下的失效概率图。二参数威布尔(Weibull)分布函数表达式为:

$$F(x) = 1 - \exp\left[-\left(\frac{x}{\beta} \right)^{\alpha} \right] \tag{5-24}$$

式中:α 为形状参数,β 为尺寸参数。$F(x)$ 表示在特定循环周次下的涂层失效概率。

通过试验和计算得到的四种载荷条件下的威布尔参数值如下表 5-6 所示。在此基础上通过威布尔分布函数可计算得到在四种载荷条件下,任意循环周次的涂层失效概率图(图 5-11)。

表 5-6   四种载荷条件下的威布尔参数值

载荷/N	最大接触应力 P_0/GPa	循环周次 N_a/$\times 10^6$	β
50	1.711 4	2.224 2	2.65
100	2.112 3	1.108 5	3.61
200	2.387 4	0.865 9	3.54
300	2.648 1	0.500 1	3.8

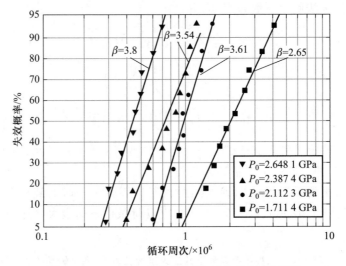

图 5-11   四种载荷条件下涂层的失效概率图

通过计算 P-S-N 曲线的参数 C 和 m,绘制出涂层的 P-S-N 曲线,如图 5-12 所示。通过该曲线可以得到再制造零件表面涂层在任意接触载荷作用下、任意失效概率下的疲劳寿命。例如设计的再制造零件的失效概率为 10%,服役于 $P_0 = 3$ GPa 的接触载荷应力下,根据 P-S-N 曲线可知零件的接触疲劳寿命为 0.2×10^6。

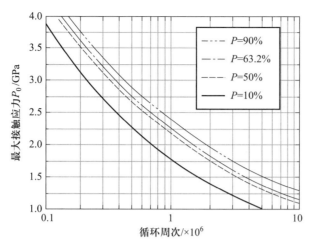

图 5-12　涂层的 P-S-N 曲线(未按比例绘制)

5.5　农机装备再制造零件的寿命演变检测

再制造零件个体间的质量可能会存在较大差异,想要得到每一个零件的预计寿命是不可能的。更多的时候,想要得到的是一个快速的定性判断,即再制造的零件在使用一段时间后是否仍处于安全状态。因此,零件的快速寿命评估也是一个值得研究的内容。下面介绍几种快速评定方式。

5.5.1　基于声发射技术的涂层接触疲劳失效预警

声发射(acoustic emission,AE)技术起源于 20 世纪 50 年代,现已是一种成熟的无损检测技术。声发射是指材料局部因能量的快速释放而发出瞬态弹性波的现象,这是一种常见的物理现象。大多数材料在变形和断裂时都会有声发射发生,通过探测、记录、分析声发射信号以及利用声发射信号推断声发射源的技术称为声发射技术,它具有缺陷损伤定性分析及缺陷位置定点判断的技术优势。

声发射技术检测的基本原理为:声发射源发出弹性波,基于传感器的声电转换、信号采集和处理、显示和分析、解释现象,评定声发射源并进行有害度评估。声发射技术具有对材料内部微小动态缺陷极为敏感的特点,非常适用于零件和大型结构件的服役状态监测。典型的声发射幅值与能量反馈如图 5-13 所示。图中所示的是在 5.4 节提到的在疲劳试验机器上进行的疲劳试验,两种信号变量呈现出相同的变化趋势。开始阶段有部分信号波动,中间阶段信号平缓,结束阶段信号发生突变。试验开始时,涂层与对摩推力球轴承处于磨合期,油膜建立不充分造成的粗糙接触必将引起涂层表面细微的断裂,从而导致信号发生轻微的波动。随着试验进行,涂层与对摩推力球轴承的接触处于稳定期,此时表面细微裂纹基本消失,涂层表面在多次应力循环的作用下达到塑性变形稳定阶段,形成较为固定的磨痕,此时信号平稳。随着应力循环的不断增多,涂层内部的缺陷在应力作用下发展成疲劳裂纹,当产生宏观可见的裂纹时,释放出强有力的弹性波并扩散,最终被声发射探头采集并反馈,从而在结尾段出现声发射信号特征参量的阶跃变化。

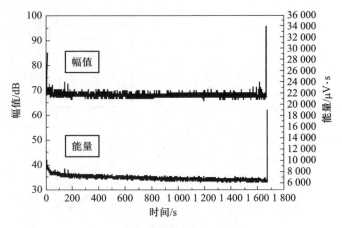

图 5-13   典型的声发射幅值与能量反馈

虽然涂层的微观质地不均匀以及微缺陷较多的层状结构为信号准确反馈带来了困难,但是从原理上讲,只要通过选择合适频段的传感器并设定合理的滤波阈值,并最大限度地减少涂层微断裂产生的声波在传播过程中的散射和衰减,就有可能使用声发射技术对涂层内部的疲劳断裂进行准确监测,即通过声发射技术实现对涂层疲劳裂纹萌生和扩展的动态捕捉,并在宏观失效之前给出明确可靠的提示信号,进而快速地判断再制造零件的使用可靠性。

5.5.2　基于红外检测技术的表面损伤检测

温度在绝对零度以上的任何物体,都会因自身分子运动辐射出红外线。当被检测的零件存在损伤或残余应力等不均匀结构时,损伤部位辐射出的红外线就会有所不同,导致零件表面温度场不均匀。利用红外热成像仪记录零件的热像图,根据热像图的特征对零件表面温度场进行分析就可以识别零件损伤的位置、大小、形状等。

红外检测技术的特点在于能将测试过程的全程或某一瞬间,以红外视频或红外热像图的形式记录下来。红外视频和红外热像图反映的是被测对象的温度,根据颜色的不同,可区分不同部位的温度情况。当其用于损伤检测时,可通过被测部位的颜色变化确定其是否失效;当进行寿命预测时,可通过红外热成像仪配套软件提取任意位置的温度数据。通过红外检测技术,既可以对红外视频和红外热像图进行分析,也可以提取温度数据进行分析。

红外检测技术根据激励源不同,可分为脉冲红外检测技术、超声红外检测技术和锁相红外检测技术等。

1. 脉冲红外检测技术

脉冲红外检测技术以脉冲加热为热源,在被测零件中形成热流传播,由于物体中存在损伤区域的热导率必然与无损伤区域的热导率不同,所以对应的表面温度也不同。该技术可以一次探测较大的面积,是零件损伤检测中的一种前沿的检测技术。脉冲红外检测技术也有一些不足,如检测厚度有限且不适合检测结构复杂的零件等。因此,需要根据被测零件的特性来确定是否可以采用脉冲红外检测技术。

2. 超声红外检测技术

超声红外检测技术是将超声技术和红外技术结合起来,得到混合型超声红外检测系统。超声红外检测技术与脉冲红外检测技术在热成像方面差别不大,主要的差别来自激励源。超声红外检测技术是将超声波脉冲发射到样品中,声能在样品中衰减,转化成热能。零件的疲劳损伤等会使其部位与邻近区域的弹性性质不同,导致声衰减及其产生的热比正常区域多,零件损伤部位的温度便会升高。另外,损伤区域比无损伤区域热流量小,使得其热扩散比相邻区域少。两方面综合作用,使得零件损伤部位在热像图上表现出异常。通过观察红外热成像仪记录下的温差,再经过计算机分析、对比等处理方式,获得零件损伤的种类、位置、形状等信息,即可达到无损检测的目的。

3. 锁相红外检测技术

锁相红外检测硬件系统主要由热成像系统和锁相设备构成。热成像系统中的计算机自控程序获得调制信号,同时控制红外热成像仪和闪光灯。锁相红外检测技术是由锁相设备控制激励源发射出周期性信号对零件进行加热,红外热成像仪进行记录,从而得到零件表面的温度信息,再由计算机对信息进行处理,从接收到的缺陷区域和非缺陷区域的信号中提取特定频率的信号。由于缺陷的存在,这两个信号存在相位差和幅值差,对其进行分析即可得到缺陷信息。

5.5.3 基于金属磁记忆的损伤检测

金属磁记忆损伤检测技术是利用铁磁材料自身所具有的微弱磁性而形成的检测方法。采用金属磁记忆损伤检测技术检测时,地磁场是唯一的外磁场,铁磁构件在加工及使用过程中,由于工作载荷和地磁场的共同作用,磁畴结构和分布发生改变,出现残余磁场和自磁化的增长,形成磁畴的固定节点,并以漏磁场的形式出现在铁磁材料的表面。同时,在应力和变形集中区域发生磁畴组织定向和不可逆的重新取向,在工作载荷消除后仍然保留。这一增强的磁场能够"记忆"部件表面缺陷和应力集中的位置,即为磁记忆效应。

在缺陷及应力集中部位出现漏磁场,磁场强度为 H_p,其法向分量 $H_p(y)$ 具有过零点及较大梯度值,水平分量 $H_p(x)$ 则具有最大值,如图 5-14 所示。因此,通过检测磁场强度分量的分布情况,就可以对缺陷及应力集中程度进行推断和评价。金属磁记忆损伤检测技术在工程领域得到广泛应用。与其他无损检测方法相比,它具有如下优点:检测前不需要清理被测构件表面的铁锈、油污,表面油漆及镀层也无须去除,可以保持构件原貌进行检测;检测时不需采用专门的磁化设备,仅利用地磁场作为激励磁化场;对被检构件可实现静态离线或动态在线检测;检测传感器与被检构件表面可直接接触,也可具有一定的距离值;仪器设备体积小,操作简便灵活,检测应力集中区域的精度可达 1 mm。

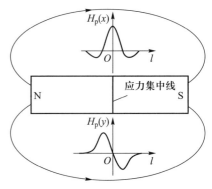

图 5-14 金属磁记忆损伤检测技术检测原理示意图

思考题与练习

5-1   简述再制造零件的失效形式。其与新零件的失效形式相比有何异同?

5-2   简述再制造前零件寿命评估方式。其与再制造零件寿命评估方式相比有何异同?

5-3   对再制造零件进行寿命评估时,在本章中所提到的三类寿命评估方式中应如何选取?

5-4   再制造旋耕刀具的磨损寿命计算中,如果表 5-1 中的磨损量误差值为 0.05 mm,对可靠性计算方法的结果影响有多大?

5-5   再制造旋耕刀具的磨损寿命与哪些因素有关?

5-6   再制造旋耕刀轴的疲劳寿命计算中,用不同的疲劳寿命计算方式计算所得的疲劳寿命有区别的原因在哪里?

5-7   查阅相关资料,简述如何通过计算求得再制造旋耕刀轴的危险平面法中的危险平面?

5-8   查阅相关资料,简述采用威布尔函数预测零件寿命及可靠性的原理,相比于二参数的威布尔函数,四参数的威布尔函数在寿命预测中有何优缺点。

5-9   在声发射检测中,涂层的不同状态的声反馈信号有何不同的特点?

5-10   查阅相关资料,思考能否用红外热成像技术预测 S-N 曲线。

5-11   脉冲红外检测技术、超声红外检测技术、锁相红外检测技术各有何优缺点?

5-12   简述金属磁记忆损伤检测技术的原理,并讨论该技术目前无法广泛应用的原因。

第6章　农机装备再制造技术发展展望

农机装备再制造技术可视为再制造技术在农机装备领域中的具体应用和创新发展,再制造技术的发展方向同样也是农机装备再制造技术的前进方向。现阶段,农机装备再制造技术围绕着农机装备产品发展、再制造生产特点及再制造质量保证等要求,正向着绿色化和标准化再制造、智能化再制造、信息化再制造升级等方向发展。

6.1　农机装备再制造技术的发展趋势

近年来,我国农作物耕种收综合机械化率逐年增长,2019 年已超过 70%,农业机械总动力保持在 10 亿千瓦左右。农机装备产品种类也在逐年增多,部分产品产量增幅巨大,更新换代的速度显著增长,由此必将产生巨大的报废农机装备。与此同时,作为提高农业生产效率的重要手段,中国的农机装备历经从替代人畜力的机械化阶段,到以电控技术为基础的自动化阶段,并正朝着以信息技术为核心的智能化方向发展。然而,我国农机装备再制造产业的发展尚不成熟,再制造技术水平也较为落后。因此,推广对废旧农机装备的回收再制造,加强农机装备制造企业、销售渠道、农机装备再制造企业间的联系,推进先进再制造技术在农机装备中的应用,将是未来农机装备行业发展的必然选择。

农机装备再制造技术发展方向,与再制造产品、未来农机装备的发展方向一致,可概括为如下三个方面。

（1）绿色化和标准化再制造

再制造生产本身是一种绿色制造模式,再制造的绿色化体现在:一是将会有越来越多的机电产品在产品设计阶段就考虑再制造的绿色性,使得新产品设计时能够开展再制造性设计,并使再制造产品具有较高的绿色性,保证再制造的绿色设计特性;二是对于没有进行再制造性设计的产品进行再制造时,需要科学规划其再制造工艺,实现无损拆解和绿色清洗,提升再制造率,减少再制造过程的"三废"排放量,使再制造过程更加绿色高效。这些在农机装备的再制造中也是如此。为了完成这一目标,必须要实现农机装备再制造的标准化,即通过制订和完善农机装备再制造工艺过程中的各项标准,实现再制造产品生产品质的标准化控制。

（2）智能化再制造

农机装备的传统再制造方式是针对大量废旧农机产品及其零件所开展的批量化的再制造生产方式,其生产具有一定的刚性。但随着近年来农业机械的多样化和个性化,越来越多的农机装备产品都属于小批量生产,不可能产生大批量的退役产品,这要求农机装备再制造的生产模式要实现由大批量生产向小批量生产的转变。同时,由于废旧农机装备失效形式及其物流的不确定性,造成了其生产工艺过程的个性化,需要实现生产系统由刚性生产方式向柔性生产方式转变。因此,未来的农机装备再制造生产方式,将会实现再制造生产系统的柔性化和智能化,自动适应产品类型、产量、需求和失效模式等不确定因素对生产方式的个性化影响。

（3）信息化再制造升级

当前的再制造模式,侧重于对达到物理寿命退役产品的原性能恢复,使再制造产品性能达到新品性能要求。但是,随着再制造逐渐由零件再制造、部件再制造向产品级的再制造发展,再制造的产品也逐渐由机械产品向机电产品发展。农机装备的发展趋势与再制造产品的发展趋势一致,近年来越来越多的农机装备产品将面临因技术落后、使用寿命耗尽而退役的结果,若仅恢复原产品的性能,则生成的再制造产品不仅无法适应现代农业发展的要求也不会被农民接受。所以针对性能落后的农机装备的再制造,需要在再制造生产中,通过新模块嵌入、结构改造等再制造升级方式,提升再制造后产品的性能和功能,满足信息化及智能化农机装备的需要;或者对原农机装备结构进行改进,经过再制造升级改造后赋予其他的功能和用途。

6.2　农机装备再制造性设计

再制造性有广义再制造性和狭义再制造性之分。其中,广义再制造性一般又可以分为设计再制造性和实际再制性。设计再制造性,是指产品设计中所赋予的静态再制造性,用于定义、度量和评定产品的再制造性水平;实际再制造性,也就是狭义再制造性,是指废旧产品在再制造过程中实际具有的动态再制造性,其受再制造条件影响较大。当前市面上的农机装备产品在设计过程中极少考虑设计再制造性的要求,导致再制造的成本较高,在未来新型农机装备的设计中,必须把再制造性加入其中。参照再制造生产全过程中各技术工艺步骤的要求,未来设计农机装备时应注意以下几个方面。

（1）运输性

废旧产品由用户到再制造厂的逆向物流是再制造的主要环节,直接为再制造提供了不同品质的毛坯。废旧农机装备在逆向物流中花费较多,对再制造成本影响较大。新型农机装备在设计过程中必须考虑产品的运输性,使得废旧农机装备能够更经济、迅速地运输到再制造工厂。

（2）拆解性

拆解是再制造的必需步骤,也是再制造过程中劳动最为密集的生产过程,对再制造的经济性影响较大。再制造的拆解要求能够尽可能保证产品零件的完整性,并减少产品接头的数量和类型,减少产品的拆解深度,避免使用永固性的接头,考虑接头的拆解时间和效率等。在产品中使用卡式接头、模块化零件、插入式接头等均有利于拆解,减少装配和拆解的时间,但也容易造成拆解中对零件的损坏,增加再制造费用。因此,在进行易于拆解的产品设计时,对产品的再制造性影响要进行综合考虑。

（3）分类性

零件易于分类可以明显降低再制造所需时间,并提高再制造产品的质量。为了使拆解后的零件易于分类,设计时要采用标准化的零件,尽量减少零件的种类,设计相似的零件时应进行标记,增加零件的类别特征,以减少零件分类时间。

（4）清洗性

清洗是保证产品再制造质量和经济性的重要环节。目前存在的清洗方法包括超声清洗法、水或溶剂清洗法、电解清洗法等。新型农机装备设计时应该使裸露在外的零件具有易清洗且适合清洗的表面特征,如采用平整表面,采用合适的表面材料和涂料,减少表面在清洗过程中的损伤概率等。

(5) 修复(升级、改造)性

对原制造产品的修复和升级、改造是再制造过程中的重要组成部分,可以提高产品质量,并能够使之具有更强的市场竞争力。因为再制造主要依赖于零件的再利用,设计时要增加零件的可靠性,尤其是附加值高的核心零件,要减少材料和结构的不可恢复失效,防止零件的过度磨损和腐蚀;要采用易于替换的标准化零件和可以改造的结构,并预留模块接口,增加升级性;要采用模块化设计,通过模块替换或者增加来实现再制造产品性能升级。

(6) 装配性

将再制造零件装配成再制造产品是保证再制造产品质量的最后环节,对再制造周期也有明显影响。采用模块化设计和零件的标准化设计对再制造装配具有显著影响。据估计,如果再制造设计中拆解时间能够减少10%,通常装配时间可以减少5%。另外,再制造的产品应该尽可能允许多次拆解和再装配,所以设计时应考虑产品具有较高的连接质量。

(7) 标准化、互换性、通用化和模块化

产品的标准化、互换性、通用化和模块化,不仅有利于产品的设计和生产,而且也使产品再制造简便,显著减少再制造备件的品种、数量,简化保障步骤,降低对再制造人员技术水平的要求,大大缩短再制造工时。所以,它们也是再制造性的重要要求。

6.3　农机装备的虚拟再制造展望

6.3.1　虚拟再制造的基本概念

虚拟再制造融合了虚拟制造与再制造的特点,是实际再制造过程在计算机上的本质实现。它采用计算机仿真与虚拟现实技术,在计算机上实现再制造过程中的虚拟检测、虚拟加工、虚拟控制、虚拟实验和虚拟管理等再制造本质过程,以增强对再制造过程各级的决策与控制能力。虚拟再制造是以软件为主,软硬结合的新技术,需要与原产品设计及再制造产品设计、再制造技术、仿真、管理、质检等方面的人员协同并行工作,主要应用计算机仿真进行毛坯虚拟再制造,并得到虚拟再制造产品;进行虚拟质量检测实验,所有流程都在计算机上完成,在真实废旧产品的再制造活动之前,就能预测产品的功能以及制造系统状态,从而可以做出具有前瞻性的决策和优化的实施方案,实现再制造产品总体优化目标,从而进一步降低再制造的人力、物力、财力的综合成本,节约资源,以此来提高再制造在企业中的广泛适用性,促进循环经济的发展。

(1) 虚拟再制造的特点

① 通过虚拟废旧产品的再制造设计,无需实物样机就可以预测产品再制造后的性能,节约生产加工成本,缩短产品生产周期,提高产品质量。

② 产品再制造设计时,根据用户对产品的要求,在虚拟环境下对虚拟再制造产品原型的结构、功能、性能、加工、装配制造过程以及生产过程进行仿真,并根据产品评价体系提供的方法、规范和指标,为再制造设计修改和优化提供指导和依据。同时还可以及早发现问题,及时实现反馈

和更正,为再制造过程提供依据。

③ 以软件模拟形式进行新种类再制造产品的开发,可以在再制造前通过虚拟再制造设计来改进原产品设计中的缺陷,升级再制造产品性能,模拟再制造过程。

④ 再制造企业管理模式基于 Intranet 或 Internet,整个制造活动具有高度的并行性。能够促进开发进程,实现对多个解决方案的比较和选择。

(2)虚拟再制造与虚拟制造、实际再制造的关系

虚拟再制造可以借鉴虚拟制造的相关理论,但前者具有明显不同于后者的特点。前者虚拟的初始对象是废旧产品或废旧毛坯,其品质具有明显的个体性,对产品的虚拟再制造设计约束比较大。此外再制造过程较复杂,废旧产品数量源具有不确定性,再制造管理难度较大。后者虚拟的初始对象是原材料,来源稳定,可塑性强,虚拟产品设计约束小,制造工艺较为稳定,质量相对统一。所以,虚拟再制造技术是基于虚拟制造技术之上,相比后者更具有一定复杂程度的高新技术,具有明显的个体性。

虚拟再制造与实际再制造生产模式流程及关系如图 6-1 所示。虚拟再制造通过计算机利用模型得到最优决策,从而指导实际再制造。实际再制造的结果和暴露出来的问题又是虚拟再制造的实践内容,不断优化产品设计及虚拟过程。两者之间相互促进,互为依托。虚拟再制造、虚拟制造及实际再制造的对比见表 6-1,从表中可以看出三者的联系与区别。

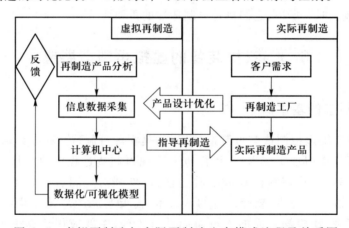

图 6-1 虚拟再制造与实际再制造生产模式流程及关系图

表 6-1 虚拟再制造、虚拟制造和实际再制造对比表

项目	虚拟再制造	虚拟制造	实际再制造
加工方式	以计算机为基础建模仿真虚拟加工	以计算机为基础建模仿真虚拟加工	机加工恢复法、塑性变形法、电镀法、喷涂法等
加工对象	废旧产品	原材料	废旧产品
对象特性	个体性和不确定性	稳定性和高可塑性	个体性和不确定性
生产周期	相对较短	相对最短	相对较长
检测方式	针对再制造各环节	针对制造的各环节	针对再制造品的质量特性

续表

项目	虚拟再制造	虚拟制造	实际再制造
加工环境	虚拟环境较复杂	虚拟环境相对单一	实际加工环境
加工成本	相对最低	相对较低	相对较高
仓储成本	相对最低	相对较低	相对较高
合格率	相对较高	相对最高	相对较低
加工柔性	相对较高	相对较高	相对较低
组织形式	再制造动态虚拟联盟	动态虚拟联盟	再制造企业或工厂

6.3.2 虚拟再制造系统开发

虚拟再制造系统在功能上与实际再制造系统具有一致性,在结构上与实际再制造系统具有相似性,软、硬件组织要具有适应生产变化的柔性,系统应实现集成化和智能化。借鉴虚拟制造系统的开发架构,可将虚拟再制造系统的开发环境分为 3 个层次:模型构造层、虚拟再制造模型层和目标系统层,如图 6-2 所示。

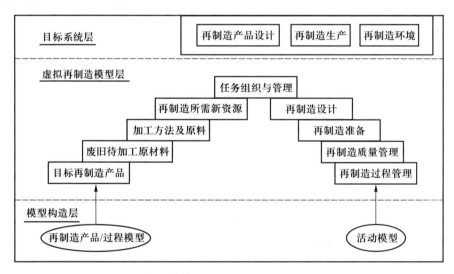

图 6-2　农机装备虚拟再制造系统开发运行环境

（1）模型构造层。模型构造层提供用于描述再制造活动及其对象的基本建模结构,有两种通用模型:再制造产品/过程模型和活动模型。再制造产品/过程模型按自然规律描述废旧产品在实际使用环境中的各种影响因素,如环境的变化、温度的影响等;活动模型描述人和系统的各种活动。再制造产品模型描述的对象为再制造过程中的每一物品,不仅包括目标产品,而且包括制造资源,如机床、嵌入模块、材料等。过程模型描述目标产品属性、预期功能及每一制造工艺的执行,过程模型既包括像牛顿力学这种有规律的过程,也包括像表面涂层、熔化极惰性气体保护堆焊这种较复杂的工艺过程。

（2）虚拟再制造模型层。通过使用再制造产品/过程模型和活动模型定义有关再制造活动与过程的各种模型,这些模型包括再制造过程中的各种工程活动,如产品再设计、生产设备、生产管理、生产扩展。任务组织与管理模型用来实现制造活动的灵活组织与管理,以便对各种各样的产品虚拟再制造系统进行构造。

（3）目标系统层。根据市场、用户需求的变化,通过底层的虚拟再制造模型层来组成各种专用的虚拟再制造系统。

6.3.3　虚拟再制造系统的体系结构

借鉴"虚拟总线"的虚拟制造系统体系结构划分,可以将虚拟再制造系统的体系结构分为五层:数据层、活动层、应用层、控制层、界面层。根据虚拟再制造的技术模块及虚拟再制造的功能特点,可以构建如图 6-3 所示的虚拟再制造系统体系结构。

该体系结构最底层为对虚拟再制造形成支撑的集成支撑环境,包括技术和硬件环境;虚拟再制造的应用基础则是各种数据库,包括 EDB、产品再制造设计数据库、生产过程数据库、再制造资源数据库等;基于这些数据信息处理基础,并根据管理决策、产品决策及生产决策的具体要求,可以形成相互具有影响作用的虚拟再制造的产品设计、工艺设计、过程设计;在这些设计基础上,可以形成数字再制造产品,通过对市场、成本、效益及风险分析,调整再制造的管理、产品、生产决策,并将数字再制造产品的性能评价结果反馈至集成支撑环境,优化集成支撑技术。

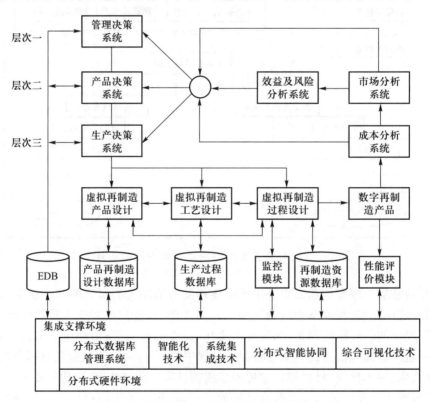

图 6-3　虚拟再制造系统体系结构

6.3.4 虚拟再制造的关键技术

虚拟再制造的关键技术主要包括:信息挖掘技术、加工建模技术、最优决策理论与技术、虚拟环境及虚拟再制造加工技术、质量控制与检测技术、可视化技术(基于虚拟实现与多媒体)、虚拟再制造企业的管理策略与技术等内容(图6-4),这些技术在再制造的应用如下。

(1)虚拟再制造信息挖掘技术

虚拟再制造过程包括废旧产品从到达再制造企业至成品完成出厂,在这一过程中涉及原制造企业、销售企业、环保部门等,且要完成的任务多。此外再制造企业内部所面临的技术、人员、设备等各种信息多,所以如何在繁杂的信息中利用先进技术,挖掘有用信息,进行合理的再制造设计及实现,是虚拟再制造技术的基础。

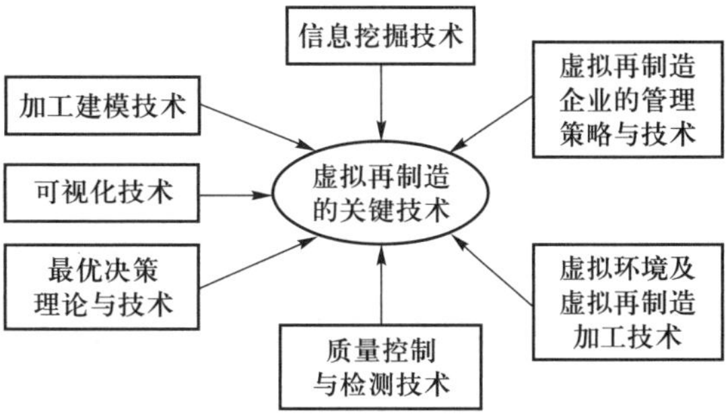

(2)虚拟再制造加工建模技术

图6-4　虚拟再制造关键技术

再制造所面对的毛坯不是原材料,而是废旧的产品,不同的废旧产品因工况、地域、使用时间等条件不同,其报废的原因不同,具有的质量也不同,具有明显的个体差异性。在再制造加工中对报废零件的恢复或改造,需要产品及零件正常工况下的原模型、再制造加工恢复或改造的操作成形模型、再制造后的目标产品模型,而且这些模型之间需要具有统一的数据结构和分布式数据管理系统。所要求建立的模型不仅包含了产品的形状尺寸信息,而且代表了产品的性能、特征,具有可视性,能够处理、分析、加工、生产组织虚拟再制造各个环节所面临的问题。这些模型在农机装备的虚拟再制造过程中尤为重要。

(3)虚拟再制造最优决策理论与技术

产品的再制造可能面临多种方案的选择,不同的方案所产生的经济、社会、环境效益不同。虚拟环境是在计算机上对真实环境的体现,在虚拟再制造过程中对再制造方案进行设计分析和评估,可以有效地优化设计决策,使再制造产品满足高质量、低成本、短周期的要求。如何采用数学模型来确定优化方法,怎样形成最优化的决策系统,将是虚拟再制造最优决策理论与技术的主要研究内容。

(4)虚拟环境及虚拟再制造加工技术

产品再制造过程中最核心的内容是加工技术,再制造加工包括对废旧产品的拆解、清洗、分类、修复或改造、检测、装配等过程。虚拟再制造加工通过建立基于真实动感的再制造各个加工过程的虚拟仿真,可以实现产品的虚拟生产再制造,为再制造的实际决策提供科学依据。通过虚拟再制造加工技术,不但可以使废旧农机装备再制造升级的开发成本降低,而且还可以大大缩短新产品的开发周期。

(5)虚拟再制造质量控制与检测技术

再制造产品的质量关系到再制造企业的生存发展。通过研究数学方法和物理方法相互融合的虚拟再制造检测技术,实现对产品虚拟再制造生产中的几何参量、机械参量和物理参量的动态模型检测,可以保证再制造产品的质量。同时,通过对虚拟再制造加工过程的全程监控,可以在线实时监控生产误差,调整工艺过程,保证产品质量。

（6）虚拟再制造可视化技术

虚拟再制造可视化技术是指将虚拟再制造的数据结果转换为图形和动画,使仿真结果可视化并具有直观性。采用文本、图形、动画、影像以及声音等多媒体手段,实现虚拟再制造在计算机上的实景仿真,获得再制造的虚拟现实,将可视化、临场感、实时交互、想象激发结合到一起产生沉浸感,将是虚拟再制造实现人机协同交互的重要方面。该部分的研究内容包括可视化映射技术、人机界面技术、数据管理与操纵技术等。

（7）虚拟再制造企业的管理策略与技术

虚拟再制造是对虚拟再制造企业全部生产及管理过程的仿真,企业的管理策略是虚拟再制造的重要组成部分,其研究内容包括决策系统的仿真建模、决策行为的仿真建模、管理系统的仿真建模以及由模型生成虚拟场景的技术研究。

6.3.5　虚拟再制造在农机装备再制造中的适用性

在面对多变的毛坯供应及农机装备再制造产品市场需求下,掌握虚拟再制造技术的农机装备再制造企业,具有加快新种类再制造产品开发速度,提高再制造产品质量,降低再制造生产成本,快速响应用户需求,缩短产品生产周期等优点。因此,拥有虚拟再制造技术的企业可以快速响应农机装备市场需求的变化,能在商战中为企业把握机遇和带来优势。

现在的农机装备退役往往是因为技术落后,而传统的以性能恢复为基础的再制造方式已经无法满足这种产品再制造的要求,因此需要对废旧农机装备进行性能或功能的升级,即在再制造前对废旧产品进行升级设计。这种设计是在原有废旧农机装备框架的基础上进行的,但又要考虑经过结构改进及模块嵌入等方式实现性能升级,满足用户新的需求,故对需性能升级的废旧农机装备进行再制造设计具有更大的约束度和难度。因此,开展对废旧农机装备的再制造虚拟设计,将会极大地促进以产品性能升级为目标的农机装备再制造模式的发展,同时也可以使得先进的农机装备能以更低的价格让普通农民家庭获得。

农机装备再制造生产往往具有对象复杂、工艺复杂、生产不确定性高等特点,因此,利用设计中建立的各种生产和产品模型,将虚拟仿真能力加入生产计划模型中,可以方便和快捷地评价多种生产计划,检验再制造拆解、加工、装配等工艺流程的可信度,预测产品的生产工艺步骤、性能、成本和报价。其主要目的是通过虚拟再制造来优化农机装备产品的生产工艺过程。通过虚拟再制造生产过程,可以优化人力资源、制造资源、物料库存、生产调度、生产系统的规划等,从而合理配置人力资源、制造资源,对缩短农机装备产品制造及再制造生产周期,降低成本意义重大。

6.4　农机装备的柔性再制造展望

6.4.1　柔性再制造基本概念

再制造加工的"毛坯"是由制造企业生产、经过使用后达到寿命末端的废旧产品。当前制造业生产的趋势是产品品种增加、批量减少、个性化加强,这造成了产品退役情况的多样性,从而对传统的再制造业发展提出严峻考验。柔性再制造是以先进的信息技术、再制造技术和管理技术为基础,通过再制造系统的柔性、可预测性和优化控制,最大限度地减少再制造产品的生产时间,优化物流,提高对市场的响应能力,保证产品的质量,实现对多品种、小批量、不同退役形式的末端产品进行个性化再制造。

　　传统制造的加工对象是性质相同的材料及零部件,而再制造的加工对象则是废旧产品。由于产品在服役期间的工况不同、退役原因不同、失效形式不同、来源数量不确定等原因,再制造的对象具有个体性及动态性等特点。因此,柔性再制造系统相对传统的再制造系统来说,具有明显的区别和特定的难度。参照制造体系中柔性装配系统的特点,可知柔性再制造系统应具有以下特点:能同时对多种产品进行再制造;通过快速重组现有硬件及软件资源,实现新类型产品的再制造;动态响应不同失效形式的再制造加工;根据市场需求,快速改变再制造方案;具有高度的可扩充性、可重构性、可重新利用性及可兼容性,实现模块化、标准化的生产线。以上特点,可以显著地提高再制造系统适应废旧产品种类、失效形式等多样的能力,使再制造产品能更好地适应消费者的个性化需求,从而加强再制造产业的生命力。

6.4.2　柔性再制造系统的组成

　　通过借鉴柔性制造系统结构,提出柔性再制造系统结构。柔性再制造系统一般由三个子系统组成,分别是再制造加工系统、物流系统和控制与管理系统,各子系统的组成框图及功能特征见图6-5。三个子系统的有机结合构成了一个再制造系统的能量流(通过再制造工艺改变工件的形状和尺寸)、物料流(主要指工件流、刀具流、材料流)和信息流(再制造过程的信息和数据处理)。

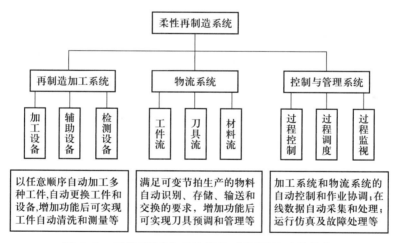

图6-5　柔性再制造系统的组成框图及功能特征

　　(1)再制造加工系统。实际执行废旧件性能及尺寸恢复等加工工作,把工件从废旧毛坯转变为再制造产品零件的执行系统,主要由数控机床、表面加工等加工设备组成,系统中的加工设备在工件、刀具和控制三个方面都具有可与其他子系统相连接的标准接口。加工系统的性能影响着柔性再制造系统的性能,且加工系统在柔性再制造系统中又是耗资最多的部分,因此恰当地选用加工系统是柔性再制造系统成功与否的关键。

　　(2)物流系统。用以实现毛坯件及加工设备的自动供给和装卸,以及完成工序间的自动传送、调运和储存工作,包括各种传送带、自动导引小车、工业机器人及专用起吊运送机等。

（3）控制与管理系统。包括计算机控制系统和系统软件。前者用以处理柔性再制造系统的各种信息,输出控制 CNC 机床和物流系统等自动操作所需的信息,通常采用 3 级（设备级、工作站级、单元级）分布式计算机控制系统,其中单元级控制系统（单元控制器）是柔性再制造系统的核心。后者是用以确保柔性再制造系统有效地适应中小批量、多品种生产的管理控制及优化工作,包括根据使用要求和用户经验所发展的专门应用软件,大体上包括控制软件（控制机床、物料储运系统、检验装置和监视系统）、计划管理软件（调度管理、质量管理、库存管理、工装管理等）和数据管理软件（仿真、检索和各种数据库）等。

6.4.3　柔性再制造系统的技术模块与关键技术

再制造技术作为再制造行业的重要部分,柔性化的再制造对其发展推广尤为重要。根据再制造生产工艺步骤,可将柔性再制造系统分为以下几个模块。

（1）柔性再制造加工中心

再制造加工主要包括对缺损零件的再制造恢复及升级,所采用的表面工程技术是再制造中的主要技术和关键技术。再制造加工中心的柔性主要体现在加工设备可以通过操作指令的变化而变化,以对不同种类零件的不同失效模式都能进行自动化故障检测,并通过与信息库内的原产品模型或目标产品模型对比,实现对失效件的科学自动化再制造加工恢复。

（2）柔性预处理中心

废旧产品到达再制造工厂后,首先要进行拆解、清洗和分类,这三步是再制造加工、装配的重要准备过程。对不同类型产品的拆解、不同污染情况零件的清洗以及零件的分类储存,具有非常强的个体差异性,这也是再制造过程中劳动密集的步骤。对其采用柔性化设计,主要是增强设备的适应性及自动化程度,减少预处理时间,提高预处理质量,降低预处理费用。

（3）柔性物流系统

废旧产品由使用者运送到再制造工厂的过程称为逆向物流,其直接为再制造提供毛坯。柔性再制造系统中的物流主要考虑废旧产品及其零件在再制造工厂内部各单元间的流动,包括零件再制造前后的储存、物料在各单元间的传输时间及方式、新零件的需求及调用、零件及产品的包装等,其中重要的是实现不同单元间及单元内部物流传输的柔性化,使相同的设备能够适应多类零件的传输,以及经过重组后能够适应新类型产品再制造的物流需求。理想的柔性再制造物流系统应当具有可传输多类物品、传输速度可控、具备离线或实时控制能力、可快速重构、空间占用小等特点。

（4）柔性管理决策中心

柔性管理决策中心是柔性再制造系统的神经中枢,具有对各单元的控制能力,可通过数据收集并传输实时的各单元数据,随即形成决策并发布命令,实现对各单元操作的自动化控制。通过柔性管理决策中心,可以实现再制造企业的各要素如人员、技术、管理、设备、过程等的实时协调,对生产过程中的个性化特点迅速响应。

（5）柔性装配及检测中心

对再制造后所有零件的组装及对再制造产品性能的检测,是保证再制造产品质量和市场竞争力的最后步骤。随着产品种类的增加,采用模块化设备,可以增加对不同类型产品装配及性能检测的适应性。

在此基础上,可以分析出农机装备柔性再制造系统的关键技术有以下几种。

（1）人工智能及智能传感器技术

未来以知识密集为特征、以知识处理为手段的人工智能(包括专家系统)技术必将在柔性制造业及柔性再制造业中起着日趋重要的关键性作用。智能制造技术旨在将人工智能融入制造过程的各个环节,借助模拟专家的智能活动取代或延伸制造环境中人的部分脑力劳动。智能传感器技术是未来智能化柔性再制造技术中一个正在急速发展的领域,是伴随计算机应用技术和人工智能而产生的,它使传感器具备内在的"决策"功能。

（2）计算机辅助设计技术

计算机辅助设计(computer aided design,CAD)技术是基于计算机环境下的完整设计过程,是一项产品建模技术。无论是制造产品的设计,还是再制造前修正原产品功能的再设计,还是供对比参照的原产品设计,都需要采用 CAD 技术。

（3）模糊控制技术

目前模糊控制技术正处于稳定发展阶段,其功能实现依靠的是模糊控制器。最近开发出的高性能模糊控制器具有自学习功能,可在控制过程中不断获取新的信息并自动地对控制量做调整,使系统性能大为改善。其中尤其以基于人工神经网络的学习方法更引起广泛的研究,在柔性制造和再制造的控制系统中有良好的应用。

（4）人工神经网络技术

人工神经网络(artificial neural network,ANN)是由许多人工神经元按照拓扑结构相互连接并模拟人的神经网络对信息进行并行处理的一种网络系统,故人工神经网络也就是一种人工智能工具。在自动控制领域,人工神经网络技术的发展趋势是其与专家系统和模糊控制技术相结合,成为现代自动化系统中的一个组成部分。

（5）机电一体化技术

机电一体化技术是机械、电子、信息、计算机等多学科的相互融合和交叉,特别是机械、信息学科的融合交叉。从这个意义上说,其内涵是机械产品的信息化,它由机械、信息处理装置、传感器三大部分组成。

（6）虚拟现实与多媒体技术

虚拟现实(virtual reality,VR)是人造的计算机环境,使处在这种环境中的人有身临其境的感觉,并强调人的操作与介入。虚拟现实技术在 21 世纪制造业中有广泛的应用,它可以用于培训、制造系统仿真,实现基于制造仿真的设计与制造和集成设计与制造等。多媒体介质采用多种介质来储存、处理多种信息,融文字、语音、图像、动画于一体,给人一种真实感。

6.4.4　柔性再制造系统在农机装备再制造中的适用性

可借鉴柔性制造系统及一般柔性再制造系统开发出用于农机装备的柔性再制造系统。柔性再制造系统开发时不仅要考虑各单元操作功能的完善,而且要考虑该单元是否有助于提高整个系统的柔性;不仅要改善各单元设备的硬件功能,还要为这些设备配备相应的传感器、监控设备及驱动器,以便能通过决策中心对它们进行有效控制。同时,系统单元间还应具有较好的信息交换能力,实现系统的科学决策。通常柔性再制造系统的建立需要考虑两个因素:人力与自动化,而人是生产中最具有柔性的因素。如果在系统建立中单纯强调系统的自动化程度而忽略人的因素,在条件不成熟的情况下实现自动化的柔性再制造系统,则可能所需设备非常复杂,并会降低产品质量的可靠性。所以,在一定条件下,采用自动化操作与人工相结合的方法建立该系统,可以保证再制造工厂的最大利润。

图 6-6 是农机装备再制造工厂内部所应用的柔性再制造系统的框架示意图。由图 6-6 可知,当收集的废旧农机产品进入再制造工厂后,首先进入柔性物流系统,并由柔性物流系统向柔性管理决策中心进行报告,并根据柔性管理决策中心的命令进行仓储或者直接进入柔性预处理中心。柔性预处理中心根据柔性管理决策中心的指令选定预处理方法,对柔性物流系统运输进的废旧农机产品进行处理,并将处理结果上报柔性管理决策中心,同时将处理后的产品由柔性物流系统运输到仓库或者进入柔性再制造加工中心。柔性再制造加工中心根据柔性管理决策中心的指令选定相应的再制造方法,并经过对缺损件的具体测量和与信息库内目标产品的对比形成具体生产程序并上报柔性管理决策中心,由柔性管理决策中心确定零件的自动化再制造恢复或改造方案,然后对零件进行恢复或改造。柔性装配检测中心在接收到柔性管理决策中心的指令后,将柔性物流系统运输进的零件进行装配和产品检测,并将检测结果报告给柔性管理决策中心。柔性物流系统将合格成品运出并包装后进行仓储,不合格产品根据柔性管理决策中心指令重新进入再制造相应环节。最后柔性物流系统根据柔性管理决策中心指令及时从仓库中提取再制造产品投放到农机装备市场。柔性管理决策中心在整个柔性再制造系统中的作用是作为中央处理器,不断地接收各单元的信息,并经过分析后向各单元发布决策指令。

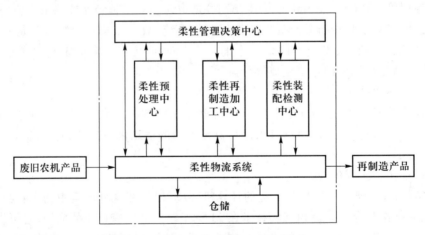

图 6-6   柔性再制造系统框架示意图

柔性再制造系统的柔性化还体现在设备的可扩充、可重组等方面。实现柔性再制造系统的设备柔性化、技术柔性化、产品柔性化是一个复杂的系统工程,需要众多的先进信息技术及设备的支持和先进管理方法的运用。柔性再制造系统的建立,可以缩短农机装备再制造时间,增加农机装备再制造产品类型,提高产品质量,是保持农机装备行业适应时代变化发展的有效解决办法。

6.5　农机装备的网络化再制造展望

6.5.1　网络化再制造的基本概念

网络化制造是在网络经济条件下产生并得到广泛应用的先进制造模式,是需求与技术双轮驱动的结果。信息技术与网络技术,特别是因特网技术的迅速发展和广泛应用,促进了网络化制造的研究和应用。随着产品生产特点和销售市场的多变,再制造企业也在不断地进行着变化调整,以适应快速发展的技术和生产要求。借助于网络化制造的理念,大力发展网络化再制造,也将会成为今后再制造发展的重要方向。

网络化制造的概念是 1995 年美国在"下一代制造"计划中提出的,是企业为应对知识经济和制造全球化挑战而实施的以快速响应市场需求和提高企业竞争力为主要目标的一种先进制造模式。网络化制造在广义上表现为使用网络的企业与企业之间可以跨地域协同设计、协同制造、信息共享、远程监控及远程服务,完成企业与社会之间的供应、销售、服务等内容;在狭义上表现为企业内部的网络化,在网络数据库的支持下将企业内部的管理、设计、生产部门进行集成。网络化制造改变了企业的组织结构形式和工作方式,提高了企业的工作效率,增强了新产品的开发能力,缩短了上市周期,扩大了市场销售空间,从而提高了企业的市场竞争力。

网络化再制造是指:在一定的地域(如国家、省、市、地、县)范围内,采用政府调控、产学研相结合的组织模式,在计算机网络(包括因特网和区域网)和数据库的支撑下,动态集成区域内的制造企业、高校研究院所及其再制造资源和科技资源,形成一个包括网络化的再制造信息系统、网络化的再制造资源系统、虚拟仓库、网络化的再制造产品协同系统、网络化的废旧产品逆向物流系统等分系统和网络化的分级技术支持中心及服务中心的、开放性的现代集成再制造系统。

实施网络化再制造是为了适应当前的全球化经济和行业经济发展并满足快速响应市场和提高再制造企业竞争力的需求而采用的一种先进管理与生产模式。另外,实施敏捷再制造和动态联盟,以及企业为了自身发展而采取的加强合作、参与竞争、开拓市场、降低成本和定制化再制造生产等措施的实现也需要实施网络化再制造。

(1)网络化再制造系统

网络化再制造系统是企业在网络化再制造模式的指导思想、相关理论和方法的指导下,在网络化再制造集成平台和软件工具的支持下,结合企业具体的业务需求而设计实施的基于网站的再制造系统。网络化再制造系统既包括传统的再制造车间生产,也包括再制造企业的其他业务。根据企业的不同需求和应用范围,设计实施的网络化再制造系统可以具有不同的形式,每个系统的功能也会有差异,但是,它们在本质上都是基于网络的再制造系统,如网络化再制造产品定制系统、网络化废旧产品逆向物流系统、网络化协同再制造系统、网络化再制造产品营销系统、网络化再制造资源共享系统、网络化再制造管理系统、网络化设备监控系统、网络化售后服务系统和网络化采购系统等。

(2)网络化再制造的特征

网络化制造以市场需求为驱动,以数字化、柔性化、敏捷化为基本特征。柔性化与敏捷化以快速响应客户需求为前提,表现为结构上的快速重组、性能上的快速响应、过程中的并行性与分

布式决策。借鉴网络化制造的特点,结合再制造的生产要求,网络化再制造具有以下基本特征:

① 网络化再制造是基于网络技术的先进再制造模式,它是在因特网和企业内外网环境下,再制造企业用以组织和管理其再制造生产经营过程的理论与方法。

② 覆盖了再制造企业生产经营的所有活动。网络化再制造技术可以用来支持企业生产经营的所有活动,也可以覆盖再制造产品全生命周期的各个环节,可以减少再制造生产的不确定性。

③ 以快速响应市场为实施的主要目标之一。通过网络化再制造,可以提高再制造企业的市场响应速度,从而提高企业的竞争能力。

④ 突破地域限制。通过网络突破地理空间上的差距给再制造企业内部生产经营和企业间协同造成的障碍。

⑤ 强调企业间的协作与全社会范围内的资源共享。通过再制造企业间的协作和资源共享提高企业(企业群体)的再制造能力,实现再制造的低成本和高速度。

⑥ 具有多种形态和功能系统,能够结合不同企业的具体情况和应用需求。网络化再制造系统具有多种不同的形态和模式,在不同形态和模式下,可以构建出多种具有不同功能的网络化再制造应用系统。

6.5.2 网络化再制造的重要特性

网络化再制造的特性主要包括协同性、敏捷性、数字化、远程化和多样性等。

(1) 协同性。网络化再制造系统通过协同工作来提高再制造企业间合作的效率,缩短再制造产品开发周期,提高再制造生产中的智力资源、再制造设计资源、再制造生产资源的利用率,降低再制造成本。按照网络化协同范围和层次,可以将协同分为再制造企业间的协同、零件供应链的协同、产品再制造设计与制造的协同、产品再制造资源的协同、再制造产品客户与供应商的协同、人类需求与自然环境的协同。不同的协同有不同的技术内涵和目标,也有各自的实施技术和支持环境。

(2) 敏捷性。通过实施网络化再制造,提高再制造企业的再制造产品生产能力、缩短新型再制造产品开发周期,以最快的速度、最绿色的再制造产品响应市场和客户对个性化产品的需求,从而提高企业对市场的敏捷性。同时,网络化再制造企业设计实施的网络化系统本身也应该根据市场应用需求的变化,灵活、快捷地对系统的功能和运行方式进行快速重构。

(3) 数字化。由于网络化再制造是一种基于网络的再制造系统,是通过网络传递废旧产品信息以及再制造设计、再制造加工、管理、商务、设备和控制等各种信息的,因此,数字化是网络化再制造的重要特征,也是实施网络化再制造的重要基础。

(4) 远程化。网络化再制造可以无限地延伸再制造企业的业务和运作空间,企业通过网络化再制造系统可以对远程的废旧产品、新零件、加工设备等资源和过程进行控制和管理,也可以像面对本地用户一样,方便地与远在千里之外的客户、合作伙伴、供应商进行协同工作。

(5) 多样性。网络化再制造系统具有多样性的特点。虽然网络化再制造具有相对通用的理论基础和方法,但是在结合具体企业实践的基础上设计实施的网络化再制造系统却具有多种多样的形式。如针对具体企业的需求,可以实施网络化产品定制系统、网络化产品协同设计系统、网络化协同制造系统、网络化营销系统、网络化管理系统、网络化设备监控系统、网络化售后服务系统和网络化采购系统等。

6.5.3　网络化再制造系统的模型

网络化再制造系统是一个运行在异构分布环境下的制造系统。在网络化再制造集成平台的支持下,帮助再制造企业在网络环境下开展再制造业务活动和实现不同企业之间的协作,包括协同再制造设计及生产、协同商务、网上采购与销售、资源共享和供应链管理等。借鉴网络化制造系统有关知识,图6-7给出了区域级网络化再制造系统的功能模型结构。

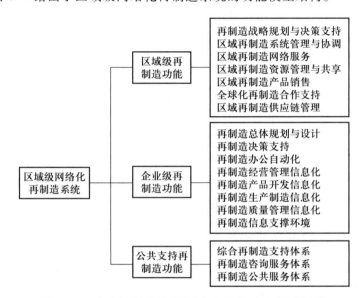

图 6-7　区域级网络化再制造系统的功能模型结构

区域级网络化再制造系统的构成和层次关系如下:(1)面向市场。整个系统以市场为中心,提高本区域再制造业及相关企业的市场竞争能力,包括对市场的快速响应能力、产品销售市场的开拓能力、再制造资源的优化利用及再制造生产能力、现代化的管理水平以及战略决策能力、逆向物流的精确保障能力。(2)企业主体。系统以企业为主,包括政府、高校、研究单位和文化单位,是政、产、学、研、文五位一体的新概念。(3)信息支撑。实现网络化再制造的基本条件是由网络、数据库系统构成现代信息化支撑环境。(4)区域控制。整个系统运行由相对稳定的区域战略研究与决策支持中心、系统管理与协调中心、技术支持与网络服务中心这三大中心支持,其中战略研究与决策中心负责再制造业发展战略与规划研究,对战略级重大问题进行决策;系统管理与协调中心负责对系统进行负责、控制与协调;技术支持与网络服务中心负责对系统运行中的各种技术性问题进行支持和服务。(5)应用系统。主要有废旧产品资源、市场、开发、供应等各个领域的应用系统。这些系统是动态的、可重构的,以本区域为主体,也可在全球运作。

6.5.4　网络化再制造的关键技术

在网络化再制造的研究与应用实施中,涉及大量的组织、平台、工具、系统实施和运行管理及控制技术,对这些技术的研究和应用,可以深化网络化再制造系统的应用。网络化再制造涉及的技术,大致可以分为总体技术、基础技术、集成技术与应用实施技术。

（1）总体技术。总体技术主要是指从系统的角度,研究网络化再制造系统的结构、组织与运行等方面的技术,包括网络化再制造的模式、网络化再制造系统的体系结构、网络化再制造系统的构建与组织实施方法、网络化再制造系统的运行管理、产品全生命周期管理和协同产品商务技术等。

（2）基础技术。基础技术是指网络化再制造中应用的共性与基础性技术,这些技术不完全是网络化再制造所特有的技术,包括网络化再制造的基础理论与方法、网络化再制造系统的协议与规范技术、网络化再制造系统的标准化技术、业务流和工作流技术、多代理系统技术、虚拟企业与动态联盟技术和知识管理与知识集成技术等。

（3）集成技术。集成技术主要是指网络化再制造系统设计、开发与实施中需要的系统集成与控制技术,包括设计再制造资源库与知识库开发技术、企业应用集成技术、ASP服务平台技术、集成平台与集成框架技术、电子商务与电子数据交换技术、WebService技术,以及COM+、CORBA、J2EE、XML、PDML和信息智能搜索技术等。

（4）应用实施技术。应用实施技术是支持网络化再制造系统应用的技术,包括应用实施途径、资源共享与优化配置技术、区域动态联盟与企业协同技术、资源（设备）封装与接口技术、数据中心与数据管理（安全）技术和网络安全技术等。

6.5.5　农机装备企业级网络化再制造系统模式

企业级网络化再制造系统是一种基于敏捷制造理念的再制造企业生产模式,能够利用不同地区的现有资源,快速地以合理成本生产再制造产品,以响应市场和用户的需要。网络化再制造企业可以构建基础框架、结构和关键技术,且首要任务是确定网络系统的业务环境、组织和管理结构。

图6-8显示了一个农机装备企业级网络化再制造系统模式。网络化再制造企业的生产环境由敏捷再制造车间单元组成,每个车间既是再制造服务的提供者,又是其他服务提供者的客户。农机装备网络化再制造企业的基础框架可分为三层,即企业管理层、设备层和车间层。框架中有许多通用模块,这些模块包含了功能、资源和组织等多方面信息。在企业管理层,必须设计出再制造具体方案,使地理上分散、能力上互补、数量众多的农机装备再制造企业能够为完成一个共同的再制造产品的生产任务而组成一个虚拟再制造企业。在车间层,设定的具体生产计划能够依据每个车间的特点分配再制造作业,这些车间完全可以处在不同的地区和不同的企业内。采用这样的网络化再制造模式,可以使再制造企业与再制造合作伙伴之间的联系更加密切,并可以快速为再制造企业与农机装备生产、销售厂家之间提供中介体,实现异地企业间作业计划的快速合作,更好地促进农机装备再制造企业的发展,推动农业现代化、智能化。

网络化再制造是适应产品制造发展趋势与互联网+的先进制造模式,对其进行研究和应用,对于促进我国循环经济发展,特别是农机装备再制造企业发展具有重要意义。当前我国再制造发展面临着政策实施、毛坯保障、企业生产等问题,农机装备面临更新换代、产品复杂多变的困难,进一步结合互联网+理念,实现农机装备网络化再制造模式,不但能够提升再制造的针对性和效益,适应中国农机装备市场需求,而且能够解决传统农机装备制造生产中的毛坯保障、需求预测等问题。当前,网络化再制造的应用还处于起步阶段,只是在部分方面实现了探索,对网络化再制造的相关理论、技术、应用等还需要开展大量实践工作。因此,一方面应加强网络化再制造研究,密切关注网络技术的发展,及时将发展成果引入网络化再制造中。与此同时,可以选择基础好的农机装备生产企业和研究院所,开展农机装备网络化再制造的示范应用,并在取得经验的基础上推广和普及农机装备网络化再制造。

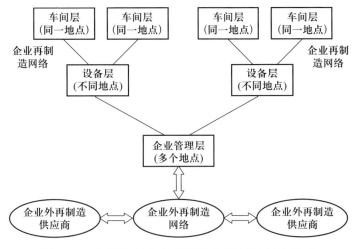

图 6-8　农机装备企业级网络化再制造系统模式

6.6　农机装备的信息化再制造升级

6.6.1　信息化再制造升级的基本概念

信息化再制造升级主要是指在对废旧产品进行再制造的过程中,利用以信息化技术为特点的高新技术,通过模块替换、结构改造、性能优化等综合手段,实现产品在性能或功能上信息化程度的提升,满足用户的更高需求。信息化再制造升级是产品再制造过程中最有生命力的组成部分,其显著地区别于传统的恢复性再制造。恢复性再制造只是将废旧产品恢复到具有原产品性能的状态,并没有使产品的性能随时代而增长,而信息化再制造升级可以使原产品的性能得到巨大提升,达到甚至超过当前产品的技术水平,对实现产品的机械化向信息化转变具有重要意义。

产品信息化再制造升级与普通信息化升级的区别在于其操作的规模性、规范性及技术的综合性、先进性不同。通过信息化再制造升级,不但能恢复、升级或改造原产品的技术性能,保存原产品在制造过程中注入的附加值,而且注入的信息化新技术可以高质量地增加产品功能,延长产品使用寿命,建立科学的产品多寿命使用周期,最大限度地发挥产品的资源效益。

6.6.2　信息化再制造升级的类型

农机装备的信息化再制造升级可分为以下三种形式。

(1) 利用新技术升级现役农机装备,提升其技术性能,扩展其使用功能或延长其使用寿命。

这种形式在农机装备再制造发展中最为普遍和常见。主要是由于在使用的实践中,农机装备会逐步显现出原始不足;或服役一定时期后,出现技术过时或性能下降现象;或新出现的使用需求要求改变农机装备的功能。为此,信息化再制造升级成为农机装备全寿命周期内的一种必然选择。

（2）分批次设计制造的同型号农机装备,可采用新技术不断完善和改进其性能。这种形式在现代农机装备发展中日益增多,它是现代农机装备生产制度发展的结果。特别是某一型号的农机装备由于设计周期长、使用寿命长,可以长期在市场上保持应用,则其制造必然分为多个批次进行,这种制造时间的不同,使得可以根据技术的发展、需求的变化以及以前批次反馈回来的使用经验,对后续批次的农机装备进行技术改进和完善,在不断提升其服役性能的同时,也有效地避免了同时大批量生产所带来的技术风险和使用时的滞后。

（3）根据使用需求的不同,对现有农机装备的设计方案进行改进,派生出新的型号,使其具备新的服役性能或使用功能发生变化。这种形式的优势在于不仅可以降低农机装备的研发风险,缩短农机装备的研制周期,加快农机装备使用性能的快速形成,也可使农机装备保持一定的延续性,减少全新型号农机装备给使用单位的训练、使用、技术与保障带来的不便,降低农机装备的全寿命周期费用。

6.6.3　信息化再制造升级的路径

因为信息化再制造升级所加工的对象是具有固定结构的过时产品,所以对其加工有更大的约束度,是一个对技术要求更高的过程。通常信息化再制造升级是采用新的信息化技术和新的产品设计思想来提高产品的信息化性能或功能,主要的信息化再制造升级路径有以下几类:(1)以采用最新信息化功能模块替换旧模块为特点的替换法。主要是直接用最新农机装备上安装的信息化功能新模块替换废旧农机装备中的旧模块,用于提高再制造后农机装备的信息化功能,满足当前对农机装备的信息化功能要求。(2)以局部结构改造或增加新模块为特点的改造法。主要用于增加农机装备新的信息化功能以满足功能要求。(3)以信息化功能重新设计为特点的重构法。主要是以最新农机装备的信息化功能及人们的最新需求为出发点,重新设计出再制造后的农机装备结构及性能标准,综合优化信息化再制造升级方案,使得再制造后农机装备性能超过当前新农机装备性能。因为制造商是原农机装备信息和最新农机装备信息的拥有者,所以对废旧农机装备的信息化再制造升级主要应由原农机装备制造商来完成再制造方案的设计,并亲自或者授权具有能力的再制造单位进行废旧农机装备的信息化再制造升级。

废旧农机装备产品被送达再制造工厂后,首次进行信息化再制造升级的主要步骤如图6-9所示:(1)首先需要对废旧农机装备产品进行完全拆解并对零件工况进行分析。(2)综合新农机装备产品市场需求信息和新农机装备产品结构及信息化情况等信息,明确再制造后农机装备的性能要求,对本农机装备的信息化再制造升级进行可行性评估。(3)对适合信息化再制造升级的废旧农机装备进行工艺方案设计,确定具体升级方案,明确需要增加的信息化功能模块。(4)依据方案,采用相关先进加工技术进行农机装备的信息化再制造升级加工,并对加工后的农机装备进行装配。(5)对信息化升级后的再制造农机装备产品进行性能和功能的综合检测,保证产品质量。废旧农机装备产品信息化再制造升级活动作为产品全生命周期的一个重要组成部分,与产品全生命周期中其他阶段互相依存。尤其在产品设计阶段,若能够考虑产品的信息化再制造升级性,则能够明显地提高产品在末端的再制造升级能力。目前,可以从定性角度考虑利于信息化再制造升级的设计。例如,在产品设计阶段考虑产品的结构,预测产品性能生长趋势,采用模块化、标准化、开放式、易拆解式的结构设计等都可以促进信息化再制造升级。

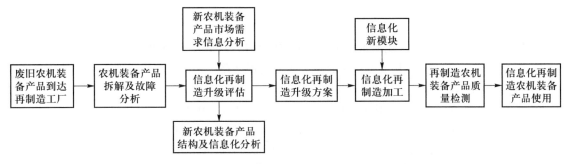

图 6-9　农机装备信息化再制造升级的主要步骤

思考题与练习

6-1　简述农机装备再制造的发展趋势与再制造先进技术之间的关系。

6-2　农机装备的再制造性设计中需要考虑哪些因素? 为什么?

6-3　根据虚拟再制造的流程,查阅相关资料并回答虚拟制造过程中所涉及的软件有哪些? 并分析总结不同软件的特点及各自的作用。

6-4　虚拟再制造的关键技术有哪些?

6-5　依据柔性再制造系统的各个模块,查阅资料整理农机装备柔性再制造系统各个模块的具体实现方式。

6-6　网络化再制造会对传统的农机装备再制造行业产生什么样的影响?

6-7　农机装备信息化再制造升级与农业的智能化之间有何关系? 如何将二者有机结合起来?

6-8　请举例说明再制造技术的发展在农机装备再制造发展过程中的推动作用。

参 考 文 献

[1] 陈克.习近平关于农业现代化的重要论述研究[D].成都:西华大学,2020.

[2] 陈志,罗锡文,王锋德,等.从零基础到农机大国的发展之路——中国农机工业百年发展历程回顾[J].农学学报,2018,8(1):150-154.

[3] 侯林.农机再制造评价系统的研究[D].保定:河北农业大学,2014.

[4] 刘韶光.汽车曲轴再制造评价技术研究[D].武汉:武汉理工大学,2010.

[5] 侯林,高波,刘海春.农机产品再制造性评价系统研究[J].农机化研究,2012,34(7):36-38,42.

[6] 武园园.农机产品再制造性评价研究[D].保定:河北农业大学,2010.

[7] 迟琳娜,谢吉青.废旧产品联合回收模式的经济性分析[J].河南财政税务高等专科学校学报,2011,25(1):12-19.

[8] 朱胜,姚巨坤.再制造技术与工艺[M].北京:机械工业出版社,2011.

[9] 易克传.农用机械维修实用技术[M].合肥:安徽大学出版社,2014.

[10] 朱继平,丁艳,彭卓敏.耕整地机械巧用速修一点通[M].北京:中国农业出版社,2010.

[11] 张芬莲,袁平,陈磊光.常用农业机械使用与维修[M].北京:中国农业科学技术出版社,2019.

[12] 何雄奎,刘亚佳.农业机械化[M].北京:化学工业出版社,2006.

[13] 高连兴,刘俊峰,郑德聪.农业机械化概论[M].北京:中国农业大学出版社,2011.

[14] 吴官聚,杨志义.新编耕种收获机械使用维修[M].北京:机械工业出版社,2002.

[15] 胡柏林,宋守许,王玉琳.面向再制造的超声波清洗技术研究[J].机械科学与技术,2014,33(01):88-92.

[16] 贺吉范.联合收割机刀杆损坏后如何修理[J].农村实用技术与信息,1998(4):34.

[17] 姚巨坤,崔培枝.再制造加工及其机械加工方法[J].新技术新工艺,2009(5):1-3.

[18] 邵泽锋.失效零件再制造加工技术[J].河南科技,2010(20):33.

[19] 战克民.收获机常见故障及排除方法[J].农民致富之友,2016(23):100.

[20] 王海斗,邢志国,董丽虹.再制造零件与产品的疲劳寿命评估技术[M].哈尔滨:哈尔滨工业大学出版社,2019.

[21] 刘晓叙,陈敏.机械零件磨损寿命计算方法的比较与探讨[J].机械工程师,2010(4):38-40.

[22] 段凯,蔡克桐,梅军,等.微耕机旋耕刀具的研究进展[J].现代农业科技,2017(20):153-154.

[22] 李明喜.东风-12型旋耕机刀轴疲劳寿命分析[J].洛阳工学院学报,2000(4):6-9.

[23] 田永财.旋耕机刀片表面激光熔覆工艺及其耐磨性研究[D].大庆:黑龙江八一农垦大学,2016.

[24] 王增全,刘小胡,王俊波,等.硬质合金涂层刀片磨损寿命的评估计算[J].工具技术,2014,48(6):22-24.

[25] 赵建杰.热喷涂硬质涂层旋耕刀具磨损性能研究[D].长沙:湖南农业大学,2018.

[26] 李艳鹏.大型汽轮发电机转子轴的修复再制造及疲劳寿命预测[D].太原:中北大学,2020.

[27] 柳忠雨.再制造铲运机传动轴寿命预测研究[D].兰州:兰州理工大学,2012.

[28] 张海青,魏仁杰,李满昌.弯扭疲劳试验机的研制[J].工程与试验,2017,57(3):75-77,92.

[29] 徐宝亮.新型弯扭联合作用疲劳试验机的设计研究[D].哈尔滨:哈尔滨工业大学,2006.

[30] 陆忠东,李虎.再制造曲轴剩余疲劳寿命预测[J].农业装备与车辆工程,2018,56(3):40-44.

[31] 周岩松,汪涛,邹琦,等.轴承滚子接触疲劳寿命试验机的设计与验证[J].制造技术与机床,2020(8):126-129.

[32] 马润波,董丽虹,王海斗,等.基于中心复合设计的热喷涂层接触疲劳寿命预测研究[J].兵工学报,2017,38(3):561-567.

[33] 费晓瑜,李国禄,王海斗.基于Weibull分布函数的等离子喷涂涂层接触疲劳寿命预测[J].航空材料学报,2018,38(5):102-107.

[34] 张志强,李国禄,王海斗,等.基于声发射技术的接触疲劳失效检测应用与研究[J].无损检测,2012,34(1):66-72.

[35] 郭伟,董丽虹,王慧鹏,等.基于红外热像技术的涡轮叶片损伤评价研究进展[J].航空学报,2016,37(2):429-436.

[36] 冷建成,徐敏强,王坤,等.基于磁记忆技术的疲劳损伤监测[J].材料工程,2011(5):26-29.

[37] 杨静,梁工谦.虚拟再制造技术浅析[J].机械制造,2010,48(7):1-5.

[38] 张威,刘春艳.虚拟再制造技术初探[J].硅谷,2012(5):33,38.

[39] 崔培枝,姚巨坤,朱胜.虚拟再制造系统结构及其应用研究[J].机械制造与自动化,2010,39(2):117-119.

[40] 谢立伟,钟骏杰,范世东,等.再制造虚拟企业及影响因素的初步研究[J].武汉理工大学学报(信息与管理工程版),2004(4):214-217.

[41] 崔培枝,姚巨坤,杨绪啟.基于互联网+的网络化再制造及其技术模式研究[J].机械制造,2017,55(5):52-54,57.

[42] 唐涛.基于数字化、网络化的TK6380A卧式镗铣床的再设计与再制造方法及实现[D].成都:电子科技大学,2003.

[43] 朱胜.再制造技术创新发展的思考[J].中国表面工程,2013,26(5):1-5.

[44] 张威,刘春艳.先进制造与再制造技术的结合与发展[J].科技传播,2012(5):63-64.

[45] 陈森昌,张李超,迟彦惠,等.柔性再制造增材修复系统[J].电焊机,2017,47(7):47-50.

[46] 朱胜.柔性增材再制造技术[J].机械工程学报,2013,49(23):1-5.

[47] 崔培枝,姚巨坤,向永华.柔性再制造体系及其工程应用[J].工程机械,2004(2):30-32,2.

[48] 崔培枝,朱胜,姚巨坤.柔性再制造系统研究[J].机械制造,2003(11):7-9.

[49] 杨培.基于弧焊机器人的典型零件柔性再制造系统研究[D].哈尔滨:哈尔滨工业大学,2006.

[50] 骆鹏辉.基于快速响应的闭环供应链生产计划研究[D].沈阳:东北大学,2009.

[51] 崔培枝,姚巨坤.快速再制造成型工艺与技术[J].新技术新工艺,2009(9):6-8.

[52] 周方明,张富强,缪保海,等.MIG堆焊在大功率柴油机排气阀再制造中的应用[J].电焊机,2012,42(5):86-89.

[53] 崔培枝,姚巨坤.先进信息化再制造思想与技术[J].新技术新工艺,2009(12):1-3.

[54] 化立成.我国农机推广信息化发展水平评价指标体系研究[D].保定:河北农业大学,2019.